浙江省高职院校"十四五"重点立项建设教材

国家精品在线开放课程配套教材
国家职业教育工业设计专业教学资源库配套教材
高等职业教育"互联网+"新形态一体化教材

手绘构造
产品手绘设计

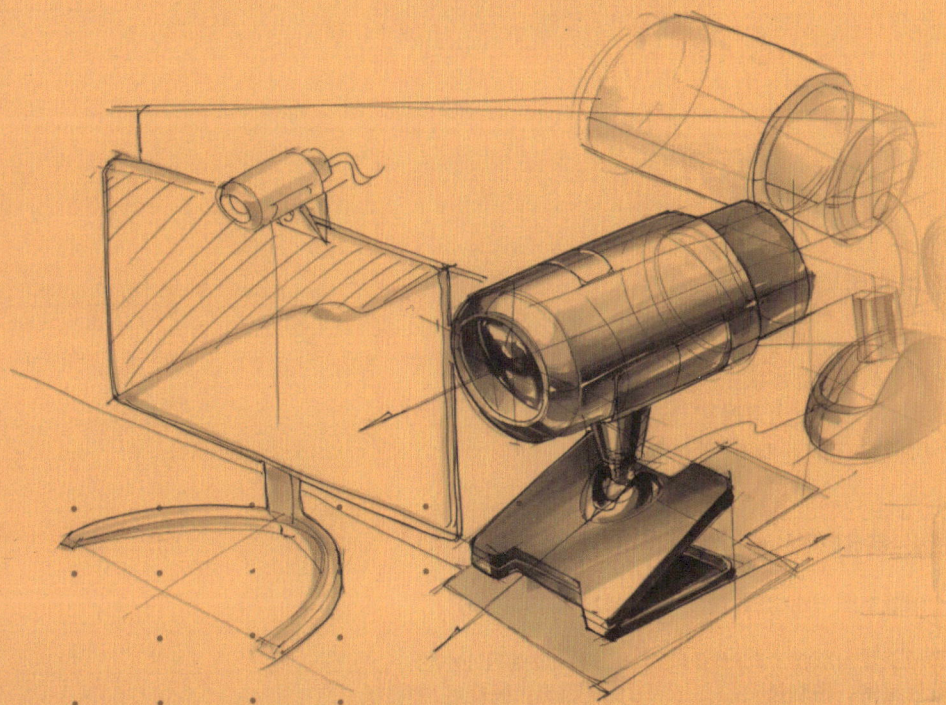

U0728684

主　编　倪　昀　赵　娜
副主编　张志远　程志鹏　邵　雾　曹晓丹
参　编　张西玲　王治雄　周　琳　郑志凌
　　　　周　楠　顾浩浩　刘沛龙　张天成
　　　　伏　波　闵光培　刘劲威　赵　军　吴振扬

机械工业出版社
CHINA MACHINE PRESS

本书是浙江省高职院校"十四五"重点立项建设教材，是国家精品在线开放课"手绘构造——产品手绘设计"的配套教材，由金华职业技术学院与全国十佳工业设计师程志鹏以及全国知名工业设计培训机构远川绘合作编写，将崭新的手绘理念和技法带入书中。

　　全书采用项目化编写方式，以还原设计工作情境，共 6 个项目、19 个任务，清楚、详细地讲解透视基础，并结合一线设计师的实务案例，力图在 8 周的课程内，为读者打开工业设计手绘的大门。

　　针对传统教材中学生会临摹而不会创作的问题，本书模拟岗位实战，提炼出 78 个教学视频。读者用手机扫描书中二维码，即可观看视频。

　　本书配有电子课件，可登录机械工业出版社教育服务网 www.cmpedu.com 下载，咨询电话 010-88379375。

图书在版编目（CIP）数据

手绘构造：产品手绘设计 / 倪昀，赵娜主编.
—北京：机械工业出版社，2022.11（2025.9重印）
高等职业教育"互联网+"新形态一体化教材
ISBN 978-7-111-71877-2

Ⅰ.①手… Ⅱ.①倪… ②赵… Ⅲ.①产品设计–绘画技法–高等职业教育–教材　Ⅳ.① TB472

中国版本图书馆CIP数据核字（2022）第196198号

机械工业出版社（北京市百万庄大街22号　邮政编码100037）
策划编辑：杨晓昱　　　　　责任编辑：杨晓昱　刘益汛
责任校对：史静怡　张　薇　　封面设计：马精明
责任印制：单爱军
中煤（北京）印务有限公司印刷

2025年9月第1版第6次印刷
210mm×285mm·10.5印张·247千字
标准书号：ISBN 978-7-111-71877-2
定价：79.00元

电话服务　　　　　　　　　　网络服务
客服电话：010-88361066　　机 工 官 网：www.cmpbook.com
　　　　　010-88379833　　机 工 官 博：weibo.com/cmp1952
　　　　　010-68326294　　金 书 网：www.golden-book.com
封底无防伪标均为盗版　　机工教育服务网：www.cmpedu.com

手绘作为设计中便捷和直观的创意表达方式，是设计师与团队成员、上级以及客户对话与沟通的重要方式，是优秀设计作品的源头。

我们在教学过程中，发现大家在学习手绘表达的过程中会遇到很多问题和挑战。比如：零基础的同学该从哪里开始学习？怎样在有限的时间内从零基础达到自由表达的水平？有美术基础的同学怎样将美术作品快速转化成专业的手绘产品设计？真正的一线设计师又是怎样进行工作的？这是同学们都非常关注的问题。

从零开始到设计师的转化是有迹可循的。我们与全国十佳工业设计师程志鹏以及全国知名工业设计培训机构远川绘合作，将崭新的手绘理念与技法带入书中。全书采用项目化编写方式，以还原设计工作情境，共 6 个项目、19 个任务，清楚、详细地讲解透视基础，结合一线设计师的实务案例，力图在 8 周的课程内，为同学们打开工业设计手绘的大门。

第一个项目"基本几何体产品的绘制"：由线条的训练和几何体透视原理与画法的训练构成，线条训练包含了基本线条练习和进阶线条练习。这个项目的透视原理与画法训练是整个课程中最重要也是最难掌握的知识点，我们通过直观具体且详细的透视原理讲解、实用场景具体画法结合案例让读者在这个阶段完成对透视的掌握，将线条与透视的训练目的设定为基本几何体产品的表达。

第二个项目"产品结构的绘制"：由直棱体、曲面体和曲面产品的结构表达训练构成，介绍了"构造法"在产品设计表达中的重要意义和运用方法，在"构造法"的基础上通过直棱体、曲面体由浅入深地过渡到曲面产品结构的理解和表达。本书所有内容都建立在"构造法"的基础之上，"构造法"手绘草图是中国美术学院工业设计专业雷达教授从多年的设计教学与研究中提炼出来的，在本书中雷教授亲自出镜详细讲解"构造法"的相关理论和在手绘中的实际运用。

第三个项目"产品基本形态构成的绘制"和第四个项目"产品进阶形态构成的绘制"：通过基本体形态、几何叠加形态、几何切割形态、包裹形态、硬朗形态、曲线形态构成，详细解析了产品手绘中的基本形态构成和进阶形态构成，系统归纳出产品设计的方式方法，让读者能够无缝对接一线工作中的设计思维和表现技巧。

第五个项目"产品光影色彩与材质的绘制"：由几何体光影、色彩、材质三部分内容组成，从简单几何体慢慢过渡到不同材质产品案例的绘制。这个项目中结合了光影与色彩，通过讲解金属、烤漆、木纹、橡胶、皮革、玻璃质感的塑造，让手绘作品最后的呈现更加准确和生动，也为以后产品渲染及CMF（色彩、材料、工艺）的学习打下坚实基础。

第六个项目"设计实务中的手绘应用"：包括了家具家电类、电子类、手持工具类产品的手绘应用，强调了从不同角度、有主次地进行设计表达，也展示了爆炸图、细节图、场景图、使用方式图的绘制步骤及运用表达。

本书是浙江省高职院校"十四五"重点立项建设教材，是国家精品在线开放课"手绘构造——产品手绘设计"的配套教材。针对传统教材中学生会临摹而不会创作的问题，本书模拟岗位实战，提炼出78个主题的教学视频，读者用手机扫描书中二维码，即可观看视频。

由于编者水平有限，书中如有疏漏之处，敬请读者不吝赐教，批评指正。

编　者

微课二维码索引

目 录

项目一

基本几何体产品的绘制

学习目标

理解线条在手绘草图中的作用和意义。

理解一点透视、两点透视和三点透视的基本原理。

掌握在对象物处于不同位置时应该用何种透视去表达。

技能目标

能用线条表达轻重、远近的空间关系。

能运用基本透视原理表现简单几何体构成的产品。

素质目标

养成爱护工具、节约纸张的习惯。

目标明确地进行练习，提高效率，摒弃敷衍和无目的的练习。

养成先从整体观察再到局部观察的习惯。

项目引入

手绘草图的目的不仅是单纯地将物体或空间形体化，更要将它视为一种思考、探索和规划的工具，是一种比文字和语言更为有效的沟通方式。手绘草图在设计中真正的力量就在于它的直观性和速度性。设计师只要有一支笔，就能快速地将想法和创意具体化呈现出来，可以随时修改并与他人沟通。手绘的思考方式是一种具有高度创意的思维过程，不仅可以呈现外观造型，还可以用来阐述因果关系和时间以及产品使用过程的顺序。

手绘技能并非只有具备美术基础的人才能拥有，各行各业的人都可以运用手绘来理清思路、搭建框架、策划活动、表现构思、记录过程，所以即便是理

视频 1-1
项目一任务三导航

工科的学生或者没有任何美术基础的学生都不应觉得自己与手绘无缘。手绘草图不应该被视为一种完成度高的人工绘制品，它不是用来帮助你成为艺术家的，它只是一种构造思维和逻辑表达的工具，草图应被视为一个持续进行的设计过程的轨迹。心理学家芭芭拉·特沃斯基（Barbara Tversky）写道："草绘能够增强设计师的想象力，同时减轻容量有限的工作记忆的负担。"设计师应趁想法在头脑中消失之前，快速地将尚未成形的想法先画下来，尽快验证、修改、添加、删减、采纳或者舍弃。这是一种产生和分享许多想法的快速方式，可以从这些想法再衍生出更多的想法。一张好的手绘草图能够传达供人解读的讯息，同时能保留很多想象空间给观看者（包括设计师自己），所以手绘不必如工程绘图般定义明确和不可修改。

扫描二维码，观看视频 1-2，了解手绘的相关知识。

视频 1-2
手绘是什么

Tips

手绘的无可替代性体现在：

1. 思维初期的模糊性和跳跃性无法使用计算机描述，必须依靠手绘进行捕捉和记录。

2. 构思对象的多种可能性无法通过计算机直观体现，必须依靠手绘进行推敲和表现。

任务一
线条的基本绘制

任务引入

线条是构成手绘草图的基本元素，常用的有直线、弧线、圆。无论画何种类型的草图，其表现的基础都是"定位的线条"。线条是组织形态架构的最小单位，需要明确起点、形状与终点。如果在画每一根线条时都能做到目的清晰明确、表达准确，则最终呈现出来的结果一定会与开始时的构思自然匹配。所以，针对定位准确的线条做相应练习（定点练习），是非常必要的训练手段。

任务描述

直线的基本拉伸绘制和定点绘制：通过定点法练习掌握直线的定向画法。

弧线的基本定点绘制：通过穿过三个点的定点练习掌握不同曲率的弧线画法。

透视圆的基本绘制则：通过一气呵成的椭圆练习掌握不同大小和方向的椭圆的画法。

任务实施

扫描二维码，跟随视频 1-3、视频 1-4，完成画线的练习。

视频 1-3
徒手画线的步骤
与技巧

步骤 01 绘制定点直线

在一张白纸上等距地定好线条的起点与终点，用"悬手腕"的方式，尝试穿过两点画出流畅的直线。先从较短的线条开始练习，熟练以后再画长线。为了节省纸张，建议将平行线、垂直线和斜线的练习画在同一张纸上，并且尽量缩短线条的间距（图 1-1）。

视频 1-4
基础线条

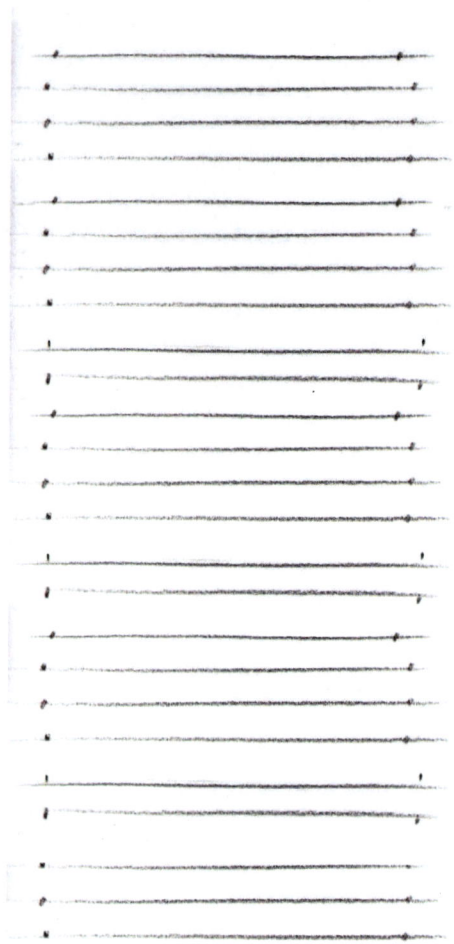

Tips

长直线

注意发力一致画出均匀有力的长直线，线条要保证气势流畅，忌断线。做到这一点要结合手腕手臂来完成，手臂悬空向外摆动，手腕小幅度摆动（切忌大幅度摆动手腕）。

a）

b）

图 1-1　直线线稿

步骤 02　绘制发散直线

先从画四边形的对角线开始，然后向四周等距发散，每根线条均需穿过四边形的中心点且起点和终点都在四边形的边缘线上，这样可以练习通过定点对线条的控制力（图 1-2）。

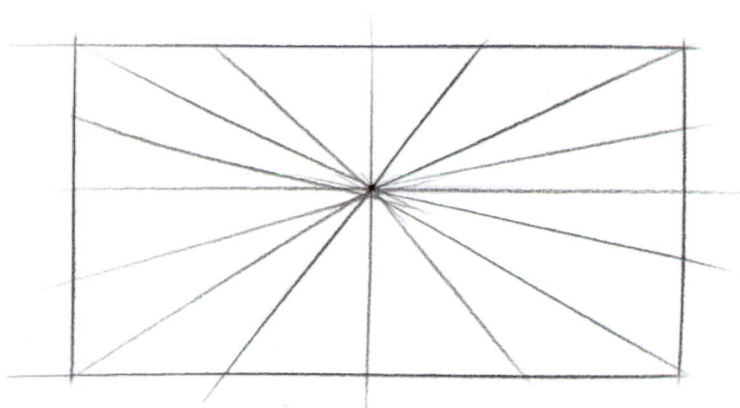

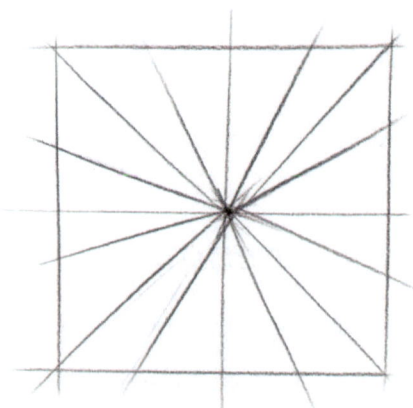

a）

b）

图 1-2　长方形和正方形直线发散

步骤 03　绘制弧线

穿过三个点连成一条曲线。先从短的曲线开始，逐步过渡到长的曲线，然后通过定点连线来提高对曲线的控制力。注意，曲线要画得流畅。

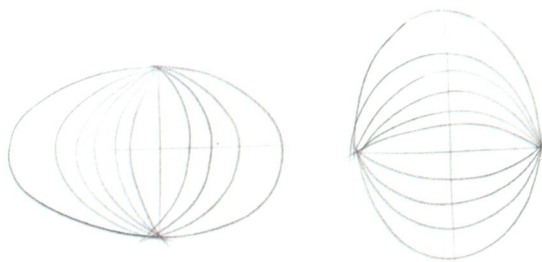

a）

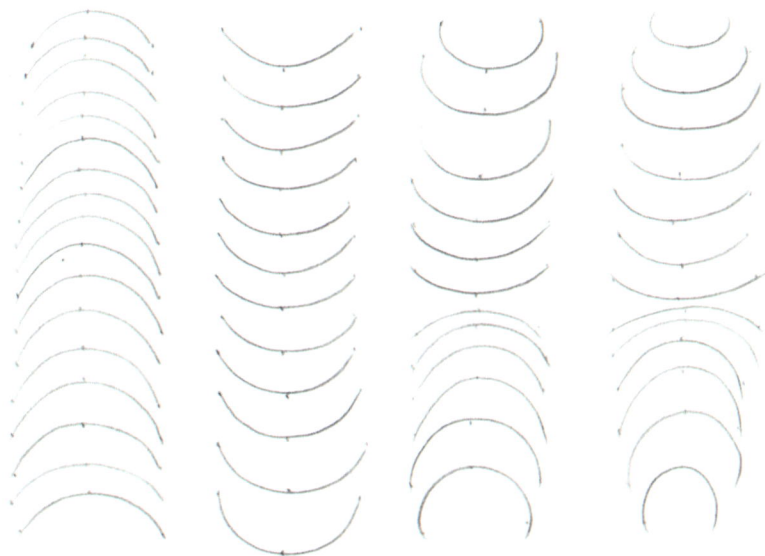

b）

图 1-3　弧线线稿

Tips

1. 先进行小弧度的弧线练习，练熟了再加快速度。结束了一个方向的练习后，要试着各方向的练习，这点很重要。

2. 不同的弧度弧线练习，从近于直线的弧线画到近圆的弧线（图 1-3）。

步骤 04　绘制椭圆

画椭圆时手腕要放松，线条才能画流畅。一开始画不好是很正常的，不要灰心，多练习，一个套一个地画。熟练了以后，再通过上下左右定点的方式来控制椭圆的大小（图 1-4）。

图 1-4　椭圆线稿

任务二
线条的进阶绘制

任务引入

线条的进阶绘制是把线条带入产品设计的项目中，将之视为构成产品设计的表现要素，而不仅仅只是单个或者独立的绘制对象。我们在此阶段要理解所画的线条在对象物整体的构成与表达中所处的位置、作用和意义。

任务描述

线条的作用不仅仅是构建对象的轮廓形状，还能表达对象的前后远近关系。所以，我们在画线时要将线条的轻重虚实关系考虑进去，有目的地去练习对线条的控制。通过直线的进阶排线和透视练习掌握光影和透视的线条表现方法，通过圆和椭圆的进阶练习掌握透视圆在空间中的变化规律和表现技巧。

任务实施

扫描二维码，跟随视频 1-5、视频 1-6 和视频 1-7，优化线条的练习。

视频 1-5
线条的进阶练法 a

视频 1-6
线条的进阶练法 b

视频 1-7
线条的进阶练法 c

在画产品结构线、暗部阴影线和投影线时，经常要用到中间实两头虚的直线来表达产品的透视或者光影关系。通过练习中间粗两端细的线条可以达到提升手部线条控制力的效果（图 1-5）。

图 1-5　直线

步骤 02　绘制定点发散的直线

从一个点发散开来的线条练习。这并不是透视练习，只是线的定点发散练习，有助于提高以后在画透视线时的准确度（图 1-6）。

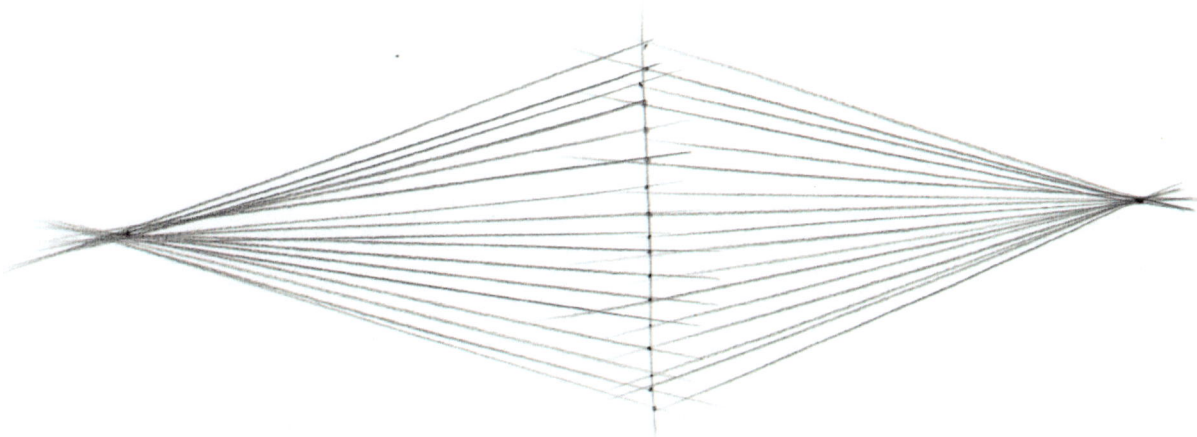

图 1-6　定点发散

步骤 03　绘制正圆

画圆的难度比画椭圆的高，因为不仅要顾及曲线的流畅度，还要控制比例，所以先画好外切方形框，定好上下左右的位置，然后再来画圆，才会比较准确（图1-7）。

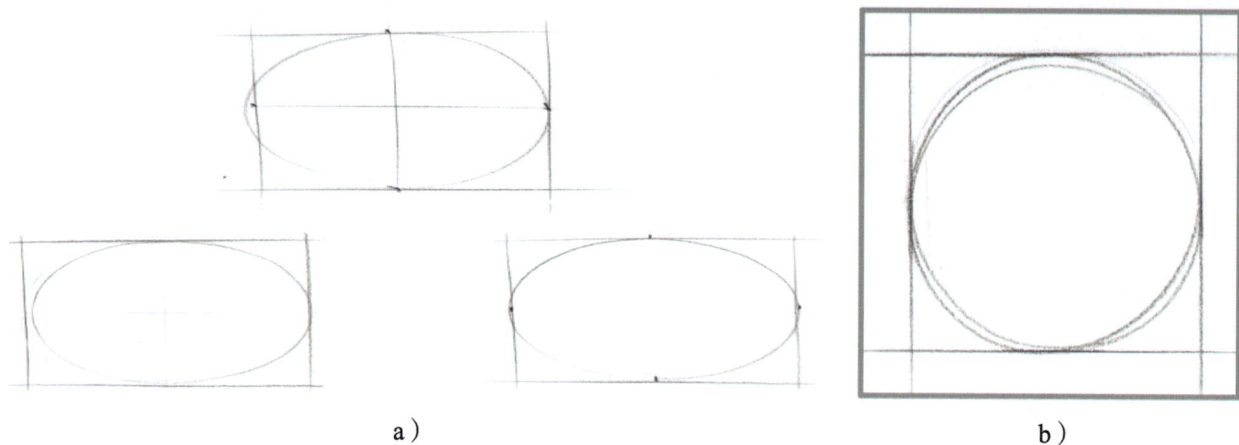

a）

b）

图 1-7　正圆

步骤 04　绘制透视圆

空间中的圆面通常以透视圆的形态呈现。所以，在椭圆的进阶练习中，应将透视圆的概念加入进来——相同大小的圆面，越靠近视平线的圆面越窄，越远离视平线的圆面越宽，将此视觉规律融入椭圆的练习就可事半功倍（图1-8）。

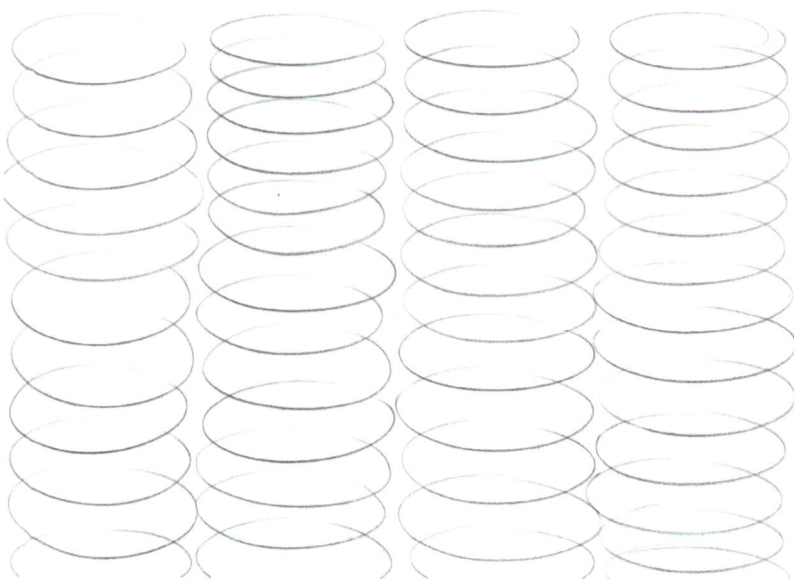

图 1-8　透视圆

任务三
立方体的透视原理与简单矩形体产品的绘制

任务引入

透视是让我们的手绘效果图看起来符合视觉与空间逻辑的重要因素。我们所看到的这个世界是在三维立体空间中呈现的，但我们手绘的载体是二维平面，怎样在二维载体上表达三维空间的事物，这就需要用到透视了。透视是一种表现空间深度的简明方法，场景中向远处延伸的平行线看起来越远越聚拢，直至汇合于一点，则称这组平行线为线透视（图1-9）。两个同样大的物体，处于不同的位置，从透视的角度看就会近处大，远处小。

视频 1-8
项目一 任务三导航

图 1-9　空间透视

任务描述

透视原理在理解上比较抽象，但有一个非常好的方法可以帮助大家快速、清晰地掌握该原理，那就是先把所有物品都当成立方体来观察，从不同的角度去观察这个立方体，就会发现有不同的透视现象。归纳起来有一点透视、两点透视、三点透视这三种基本的画法。

视频 1-9
立方体透视的基本画法

视频 1-10
透视

任务实施

以图 1-10、图 1-11 以及图 1-12 为例，扫描二维码，跟随视频 1-9、视频 1-10，完成立方体一点、两点、三点透视练习。

步骤 01 绘制一点透视的立方体

一点透视也称为单点透视或者平行透视（因为最前面的这个面与视线是保持平行的），即物体的延伸线聚集在视平线上的某一点。

当立方体在观察者的正常视域中时（60° 左右），立方体其中某一个面与观察者的视线平行，我们就用一点透视去表达。只要这个面保持与观察者的视线平行，那么无论它怎么移动，我们都用一点透视来画。

画一点透视时，先画出视平线（视平线代表着可视区域的最遥远的距离），再画一个消失点，然后从这一点发散出平行延伸线（平行延伸线是相交于消失点的）。

画一点透视的要领为：前后的面保持横平竖直，其他面的延伸线相交于远处的消失点（图 1-10）。

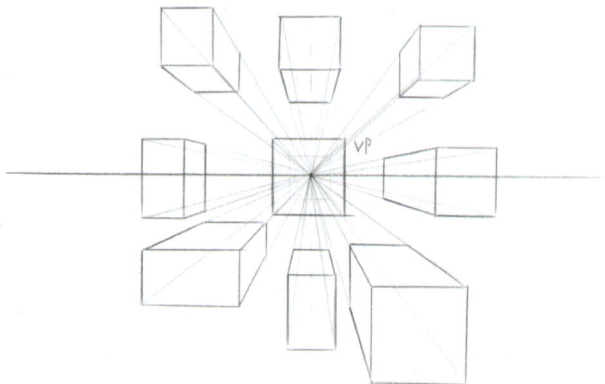

Tips

视垂线上的一点透视只能看到两个面，这是一点透视的特点。

图 1-10 立方体一点透视

步骤 02 绘制两点透视的立方体

两点透视也叫作余角透视或成角透视，即物体的两组竖立面均不平行于画面，它有两个消失点（图 1-11）。

当位于一点透视角度的立方体原地转动后，与画面（或者观察者的视线）会产生一定的夹角，我们观察一下就能发现，立方体的高线仍然与视平线垂直，但其他两组边线会往视平线两个不同方向的消失点聚拢。这时，我们就要用两点透视来表现。

画两点透视时，同样是先画一条视平线，然后确定视平线上的两个消失点，接下来确定高度、长度和宽度，最后连接各点画出透视线。

Tips

注意两个消失点之间的相对距离不要太近，否则画面会失真。

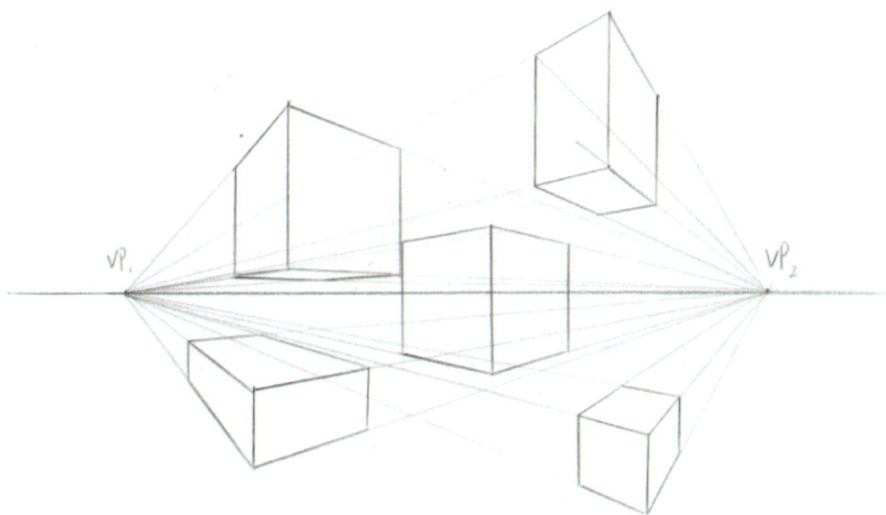

图 1-11 立方体两点透视

步骤 03 绘制三点透视的立方体

三点透视又称斜角透视，此种透视的形成是因为相对于画面，景物是倾斜的。用俯视或仰视的角度去看立方体就会形成三点透视。当物体与视线形成角度时，边缘的延长线消失于三个不同空间的消失点上。第三个消失点可作为对象物高度的透视表达。如第三消失点在水平线之下，则可表达物体往地心延伸，观察者垂头观看着物体；如第三消失点在水平线之上，则象征物体往高空伸展，观察者仰头看着物体。一般这种透视用在比较大型的物体表达上会更加明显。

三点透视的画法，是在两点透视的基础上多加一个消失点。如果物体在视平线以下，那么第三个消失点跟着往下延伸，如果物体在视平线以上，那么第三个消失点也跟着往上延伸（图 1-12）。

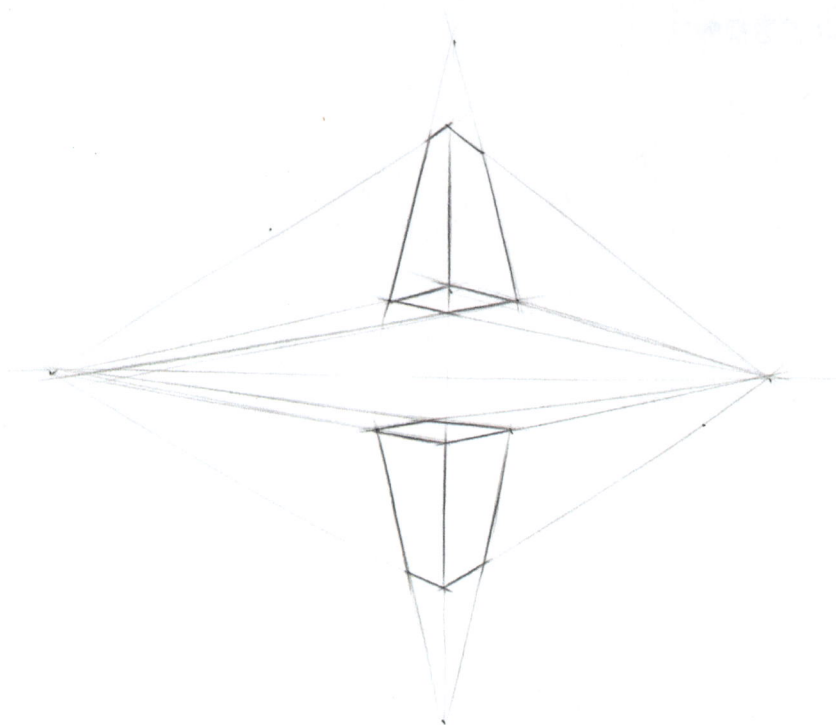

图 1-12　立方体三点透视

步骤 04　绘制自由立方体

以图 1-13 为例，扫描二维码，跟随视频 1-11 和视频 1-12，完成自由立方体练习。

为了能够更加准确地表达对象各个部分的信息，我们可以尝试从不同的高度、不同的方向或者角度观察物体。一个产品设计通常需要多个角度共同诠释，否则将遗漏许多必要的信息，从而造成理解的偏差，这点在复杂对象的表现上会更加明显（图 1-13）。

视频 1-11
立方体的自由表达

视频 1-12
不同方位的立方体

Tips

对于初学者而言，先从简单的立方体开始，尝试将立方体在虚拟空间中进行任意角度的翻转，并组织好画面，这对于我们以后多角度地表达复杂形体是非常有帮助的。

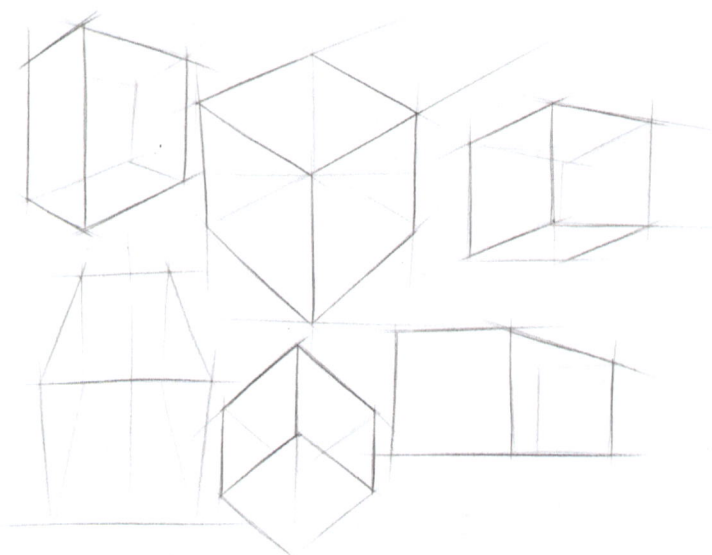

图 1-13　多角度的立方体

步骤 05 绘制立方体倒角

以图 1-14 为例，扫描二维码，跟随视频 1-13，完成立方体倒角的练习。

倒角的练习和掌握运用会体现设计师的综合设计掌控力（图 1-14）。

首先用很轻的线条画出矩形体的框架，然后用"定点法"确定各个倒角的大小范围，将确定好的点连起来，校对一下，确定无误后就可以加粗轮廓线和重点要表达的地方。

视频 1-13
矩形方体类产品案
例解析与画法（上）

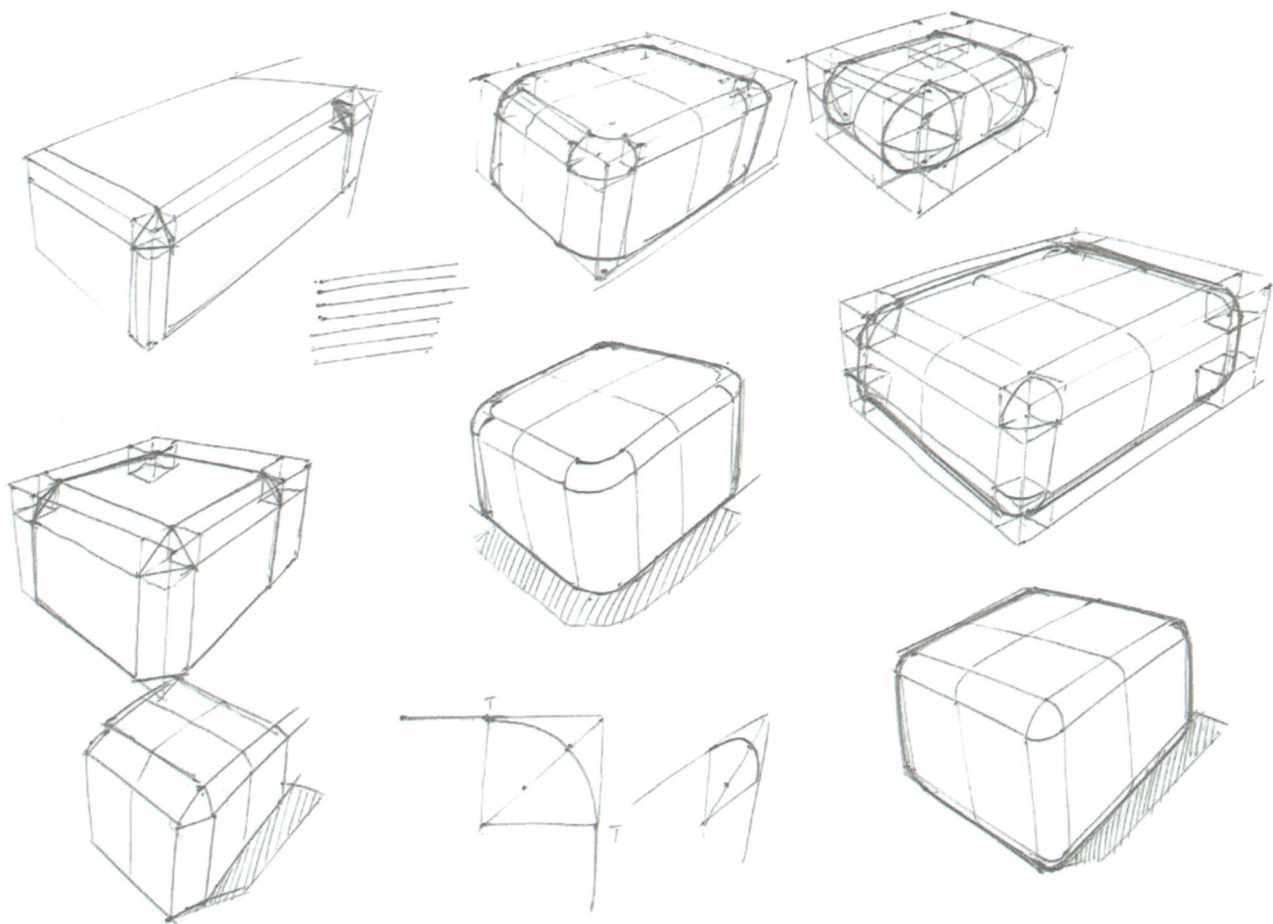

图 1-14 立方体倒角练习

步骤 06 绘制矩形基本体产品

扫描二维码，跟随视频 1-14，完成矩形基本体的练习。

将立方体与产品功能相结合就可以绘制成最简单的产品手绘图，我们可以通过对立方体进行局部切割或叠加来丰富其造型，重点是通过进一步学习逐步理解并绘制产品的辅助线、结构线和轮廓线（图 1-15）（这个知识点将在项目二中重点讲解）。

Tips

绘制简单的基本体产品时注意其结构走势、形体变化。

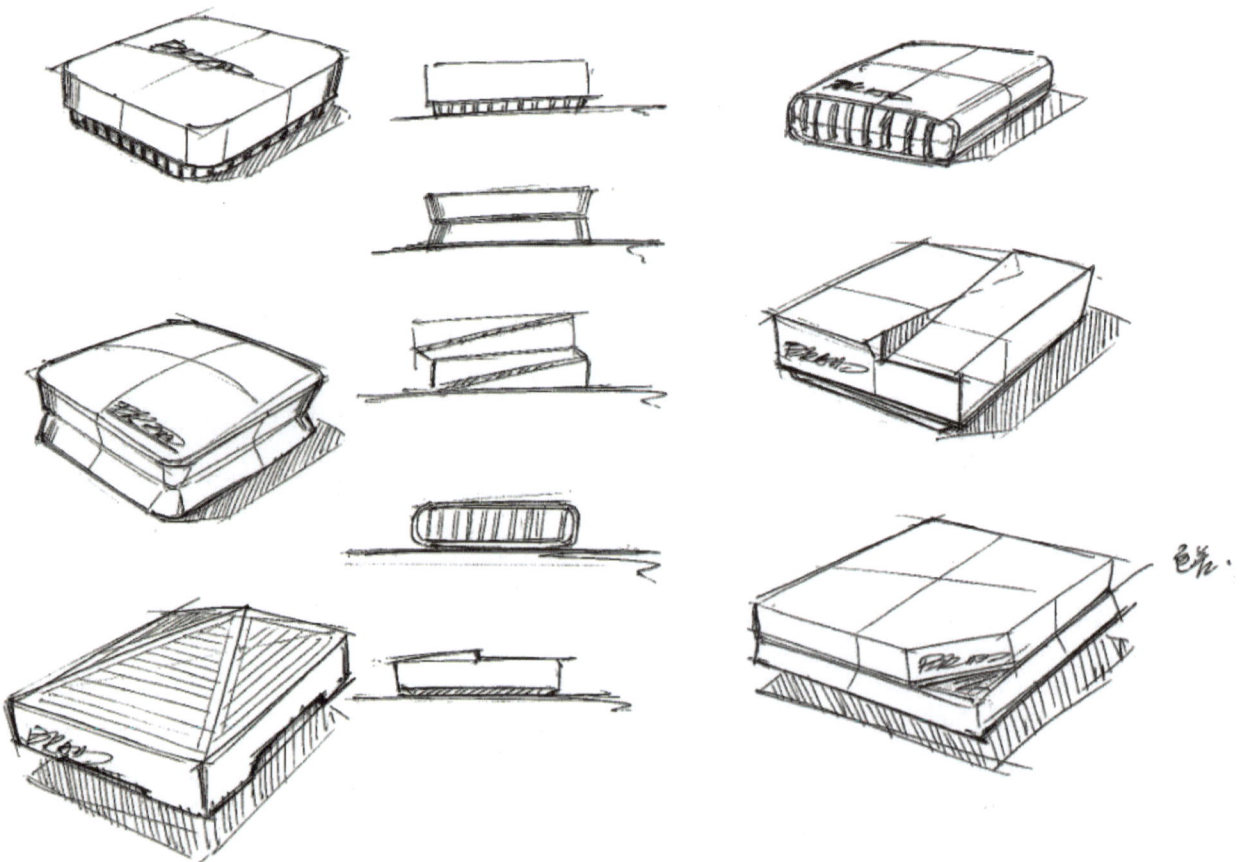

图 1-15 矩形基本体产品形态推演练习

拓展练习

矩形基本体产品绘制。

扫描二维码，跟随视频 1–15、视频 1–16，完成矩形基本体产品（图 1–16）的绘制。

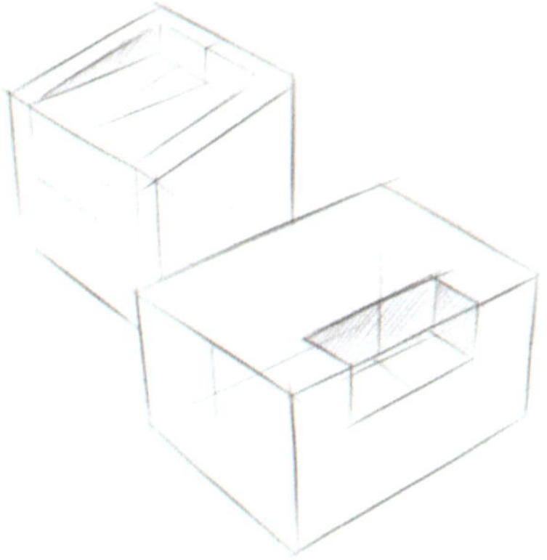

a）

b）

视频 1-15
几何分割

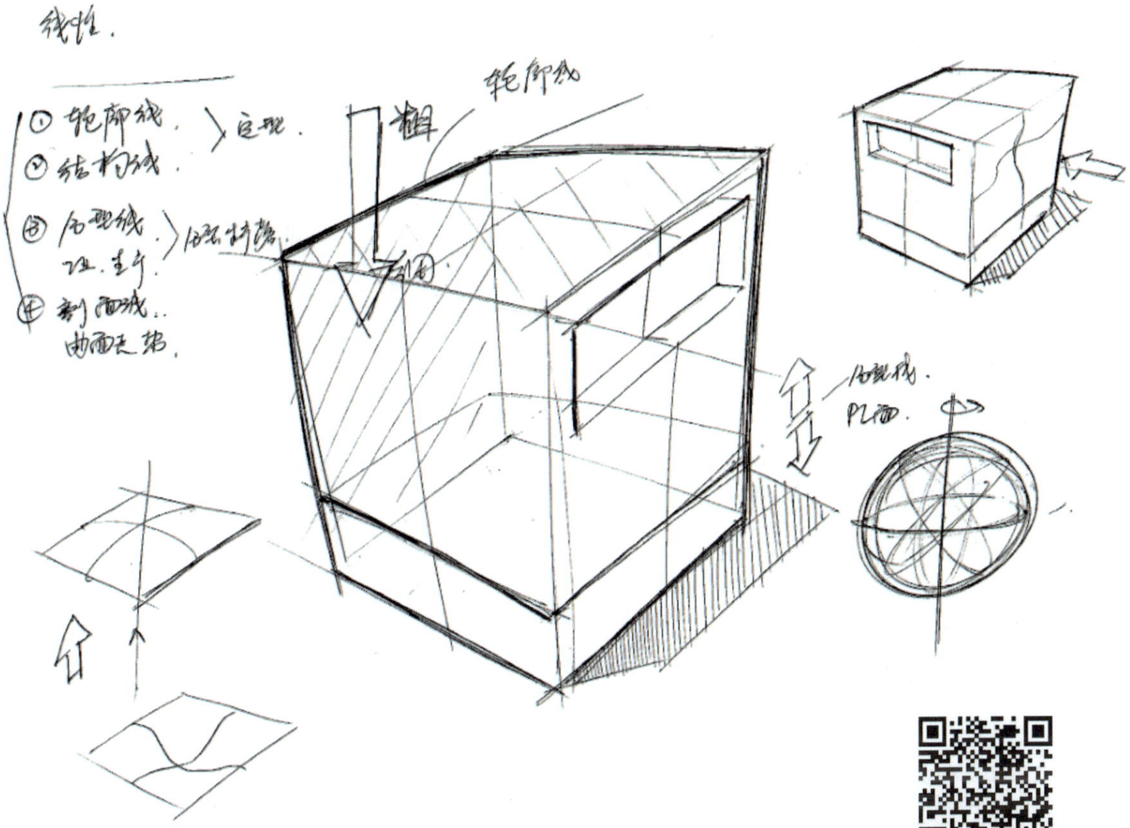

c）

视频 1-16
基本立方体产品
案例解析

图 1–16　矩形基本体产品绘制

练一练

任务四
圆的透视原理与简单曲面体产品的绘制

任务引入

球体、圆锥体、圆柱体和其他复杂的圆形物体的正截面多为圆形平面，可以说能画好圆面透视，也就能掌握曲线物体的画法了。

圆面在透视中分别有正圆、椭圆以及线段这三种不同的状态。当观察者视线垂直于圆面时，呈现正圆形（图 1-17a）；慢慢倾斜后，圆面看起来就会呈现非常标准的椭圆形状（图 1-17b）（可以用尺子画一个标准的椭圆来检验一下），将圆面继续倾斜到与视线平行时，这个正圆则呈现为一条线段（图 1-17c）。

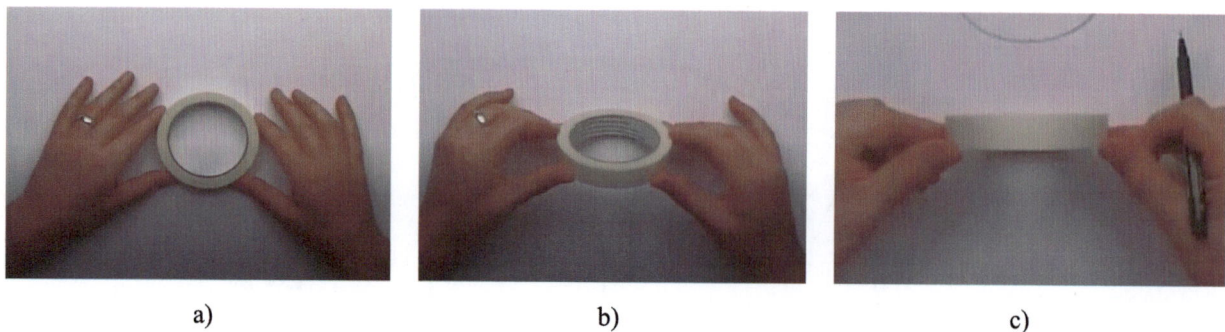

a)　　　　　　　　　　b)　　　　　　　　　　c)

图 1-17　圆的透视原理

任务描述

我们通过椭圆与透视圆在原理上的区别来掌握其基本绘制方法，即通过正确画出短轴来明确椭圆 / 透视圆的方向，通过不同的位置与角度来确定椭圆 / 透视圆的形状。

任务实施

扫描二维码，跟随视频 1-17，完成圆的透视画法练习。

视频 1-17
圆的透视画法

将画好的椭圆最长与最宽处的四个切点标出来，最长处的两个切点连起来后就得到了椭圆的长轴，最短处的两个切点连起来就是短轴（图1-18）。

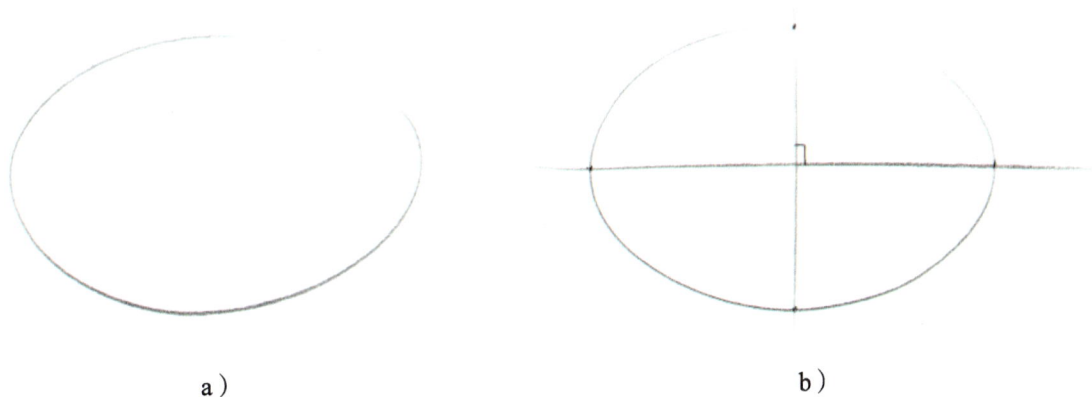

a）　　　　　　　　　　　　　　　　　b）

图1-18　椭圆长短轴

用单点透视的方法，我们把与这个椭圆相切的透视面画出来，把对角线连起来可以得到中心点，穿过中心点的平行线就是这个透视圆的中线。我们可以观察到，透视圆的中心点并不是椭圆的中心点，穿过透视圆中心点的中线也不是椭圆的长轴，中线与长轴之间有着一定的距离（图1-19）。

Tips

椭圆与透视圆的区别在于：轮廓一样，但水平中心线的位置不同，圆心的位置也随之不同。当圆面在视平线以下时（图1-19），透视圆的中线在椭圆长轴的上方，穿过透视圆中线的圆心在椭圆中心点的上方。当圆面在视平线以上时，反之亦然。

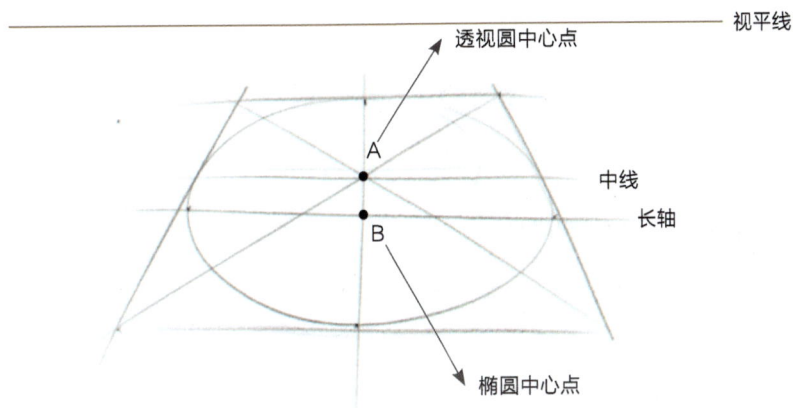

图1-19　透视圆

我们还可以用徒手画圆的方式来了解透视圆的方向性（图 1-20）。其实透视圆的方向就是椭圆短轴的方向，轴的两侧应该完全相同，如果沿着轴折叠两边能重合，就证明方向是正确的。

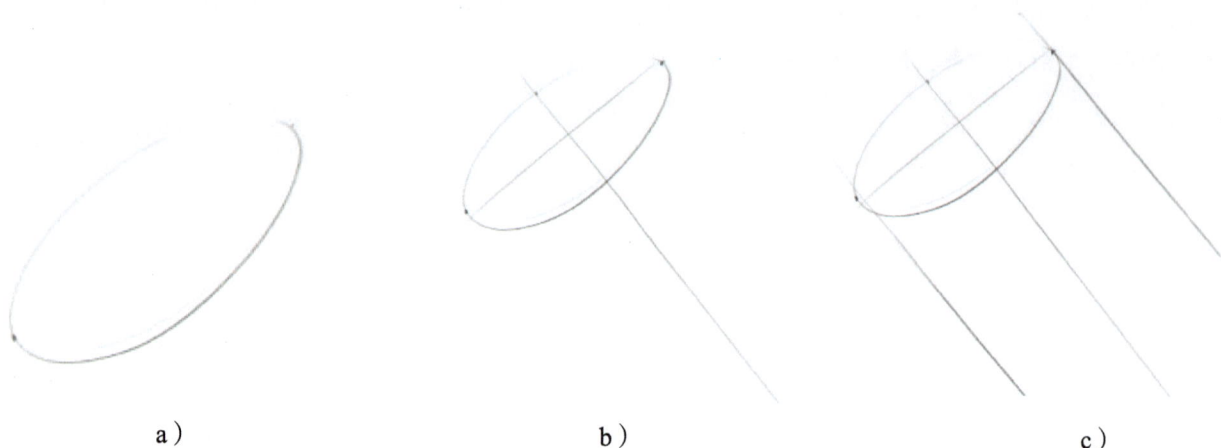

| a ） | b ） | c ） |

图 1-20　透视圆的方向

在一点透视的角度上，离消失点比较远的透视圆比较胖，离消失点越近，透视圆看起来越瘦。可以先画出视平线，离视平线越近，圆面可被看到的部分就越少，所以圆面会越来越窄，离视平线越远，圆面可被看到的部分就越多，所以圆面会越来越宽。

Tips

椭圆的短轴决定了透视圆的方向！

视频 1-18
圆和圆柱的自由练习

步骤 02　绘制圆柱

以图 1-21 为例，扫描二维码，跟随视频 1-18，完成圆柱圆面透视练习。

我们可以将圆柱视为多个圆面叠加而成的几何体，也就是说圆柱中的任意一个横截面都可以看成是一个透视圆，透视圆的多个叠加组成了圆柱体，从而可知，在圆柱的透视画法中，应遵循"离视平线越近，圆面越窄；离视平线越远，圆面越宽"的透视原理去进行绘制（图 1-20）。

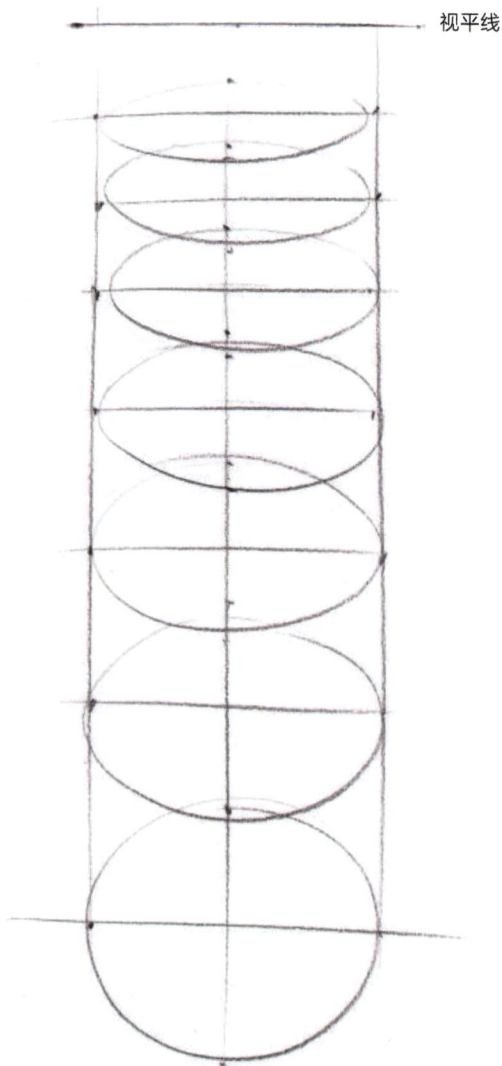

视平线

图 1-21　圆柱圆面透视

扫描二维码，跟随视频 1-19，完成曲面吹风机（图 1-22）的绘制。

绘制简单曲面体产品时，要注意圆面透视的准确性，以及两个或多个曲面体叠加时相贯线的绘制。

视频 1-19
曲面吹风机

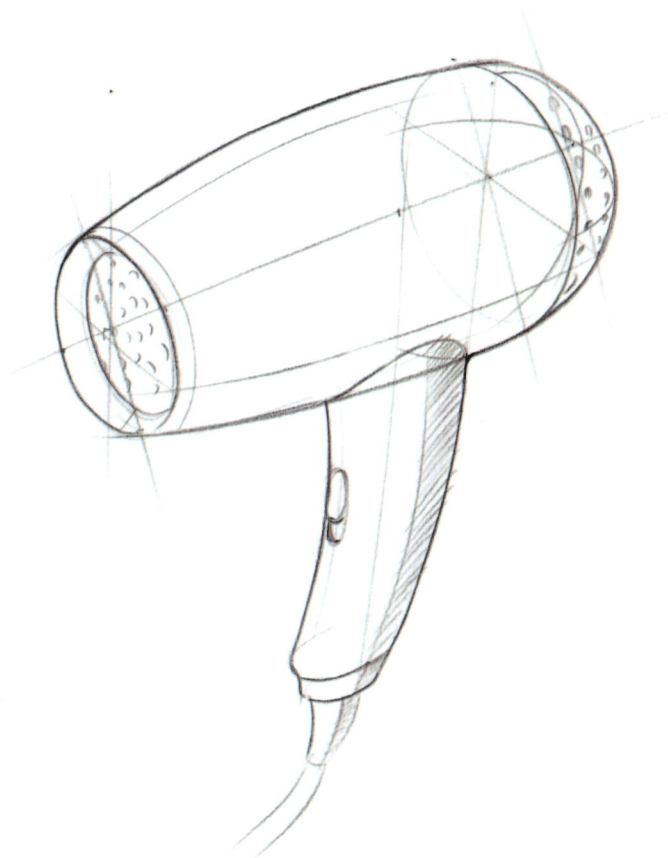

图 1-22　吹风机

1. 吹风机进阶绘制（图 1-23）。

加强对出风口形状的理解和对各个剖面的分析，注意两个曲面体叠加所产生的相贯线的画法。

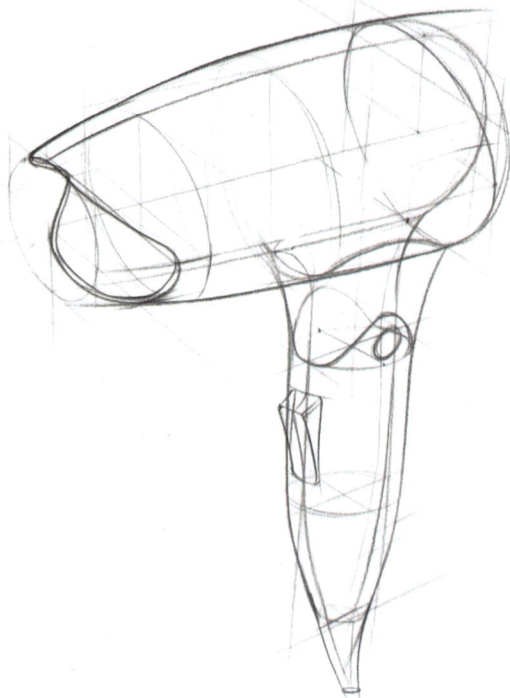

图 1-23　吹风机进阶绘制

2. 美容加湿器绘制（图 1-24）。

首先分析，这个产品实际上是由两个基本几何体叠加构成的一个较为复杂的几何体。建立在这个初步分析的基础上，我们先画出这两个基本几何体的基本剖面，然后将这两个形体贯穿起来，最后丰富细节。

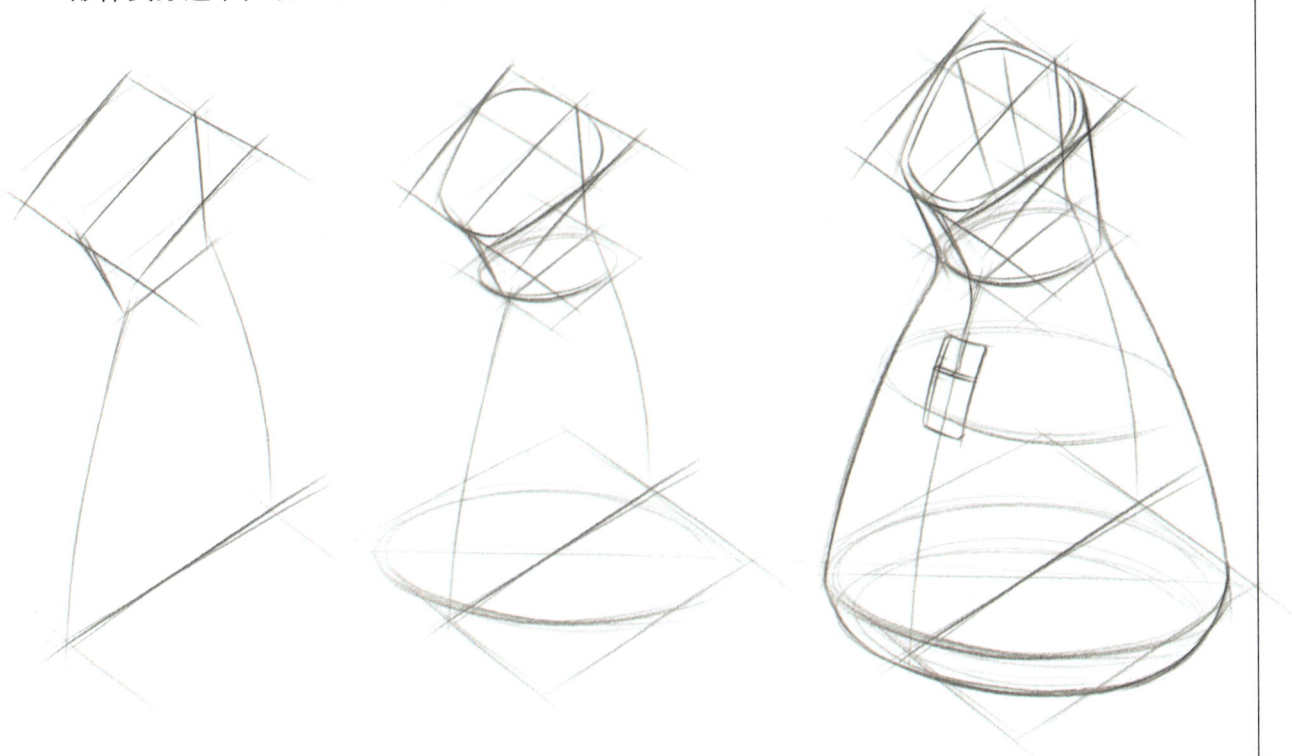

图 1-24 美容加湿器绘制

项目二

产品结构的绘制

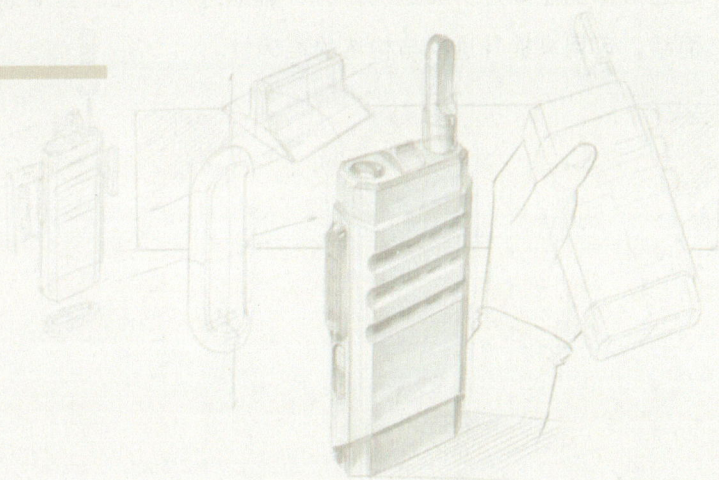

学习目标

理解并掌握结构素描的原理。

在"构造法"的基础上理解剖面与剖面线。

掌握玻璃箱观察法。

技能目标

能运用"构造法"的剖面原理绘制产品形态。

能运用玻璃箱观察法绘制产品结构线、辅助线和轮廓线。

素质目标

养成良好的观察习惯，通过触摸、拆分等方法深入理解对象。

项目引入

从机械制图中，我们知道物体可以用三视图和立体图来表现，从一个视图推演到另一个视图就需要我们运用空间想象力了，这是设计师必须具备的能力。制图知识的掌握程度决定了我们是否能够较为准确地画出手绘草图。结构素描有利于我们了解物体的构造和形态，其表现形式主要是线条（也可辅以一些简单的明暗关系）。为了更清晰地表达产品的形态，某些被遮挡、覆盖或看不到的部分也需要在画面中用线条表达出来。透视是画好结构素描的条件，结构素描则是画好产品手绘的基础。从结构素描到产品手绘的关键是对线性的掌握。线性分为轮廓线、结构线和辅助线。轮廓线是物体的外边缘

视频 2-1
项目二导航

线，用来表达物体的外形特征；结构线是物体的明暗交界线和分件线，用来表达形体的空间走势和结构拆分；辅助线是透视的基准线，包括中心线和剖面线，可用来提升透视与构造的准确性。

产品手绘的一般过程是从三视图到结构素描再到草图方案，同时结构素描解释了轮廓线、结构线和辅助线的关系。

任务一
直棱形态的结构分析与绘制

任务引入

制图原理是产品手绘的基础，视频 2-2 讲解了制图在产品手绘学习中的重要性。让我们在学习视频之前，先了解一下制图中常用的名词解释。

正视图是指从物体的正面观察，物体的影像投影在背后的投影面上，这投影影像称为正视图；侧视图是指从物体的左面向右面投射所得的视图，也叫左视图，即能反映物体的左面形状；俯视图是由物体自上而下做正投影得到的视图，也叫顶视图。

立体图（也称为"三维立体图"或"三维立体画"）是一类能够让人从中感觉到立体效果的平面图像。立体图是表现物体三维模型最直观形象的图形，它可以生动逼真地描述制图对象在平面和空间上分布的形态特征和构造关系。

形态由形状与结构构成，形状是二维平面的轮廓线，结构是面在三维空间中的走势与变化。同样一种形状，可以衍生出丰富的三维形态；不同的三维形态，在一定的视角下，也有可能共用同一个形状。通过基本形态的视角转换训练，我们可以深入理解从三视图到立体图的相互转换，进而借由形状与结构进行形态分析与表现的训练。

针对怎样结合透视将制图知识服务于产品手绘草图当中，大家可以通过视频 2-3 来进行详细了解。

视频 2-2
手绘与制图

视频 2-3
产品手绘中的结构讲解

任务描述

给出三视图，然后塑造与之相对应的三维形态立体图。通过这样的练习来增强三维空间想象力和对透视的理解。

任务实施

1. 绘制简单几何体的侧视图和三视图，然后转成立体图

以图 2-3 为例，扫描二维码，跟随视频 2-4，完成几何形态的绘制。

步骤 01　绘制一个几何体的侧视图（图 2-1）

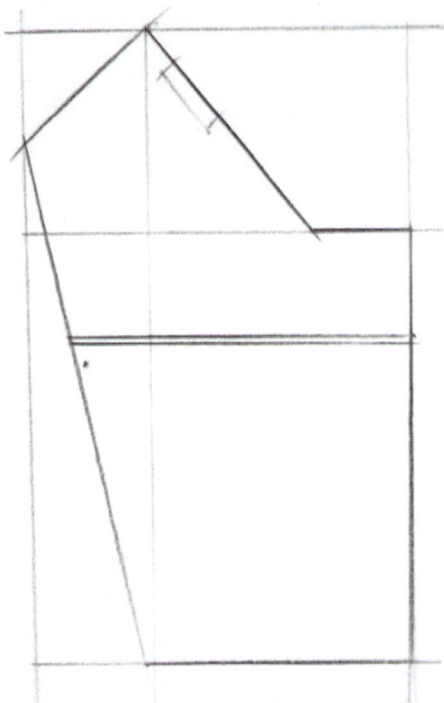

图 2-1　侧视图

步骤 02　绘制这个几何体的三视图（图 2-2）

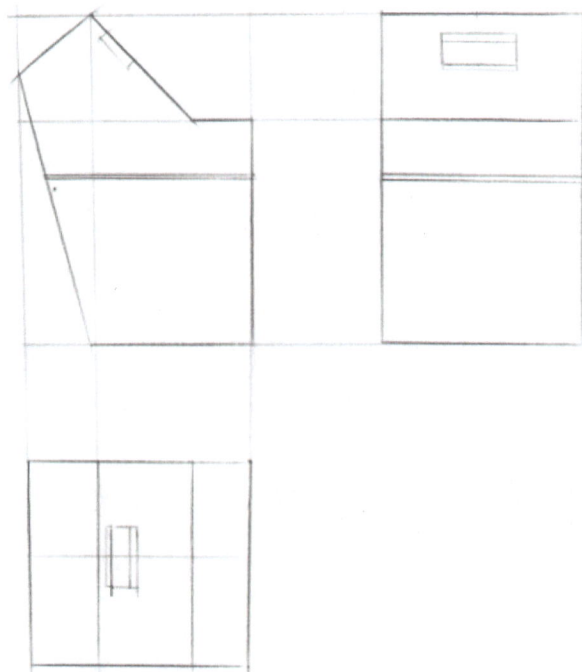

图 2-2　三视图

步骤 03　绘制与三视图相对应的三维立体图
（图 2-3）

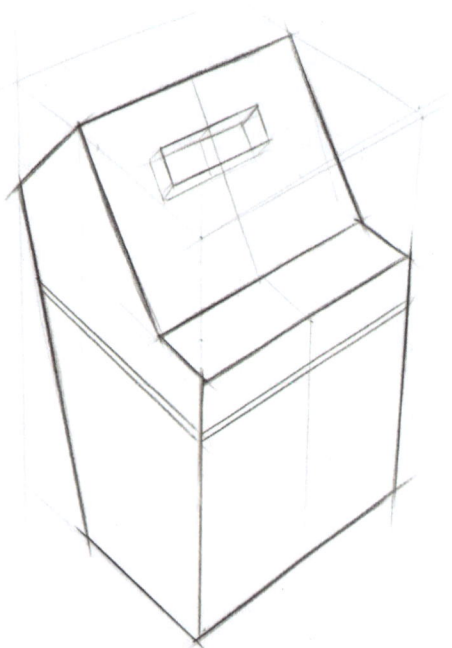

图 2-3　三维立体图

2. 绘制复杂几何体的侧视图和三视图，然后转成立体图

以图 2-6 为例，扫描二维码，跟随视频 2-5，完成复杂几何形态的绘制。

视频 2-5
几何形体 2

步骤 01 绘制一个几何体的侧视图（图 2-4）

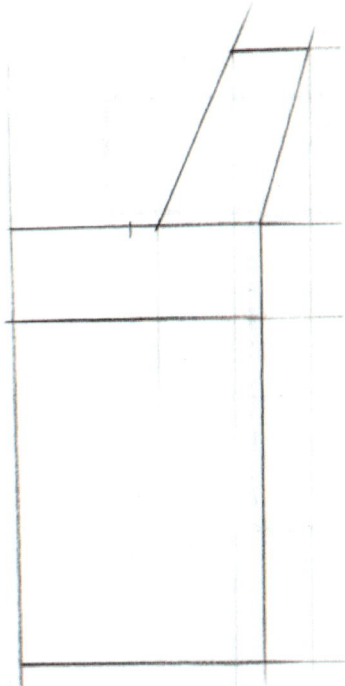

图 2-4　侧视图

步骤 02 绘制这个几何体的三视图（图 2-5）

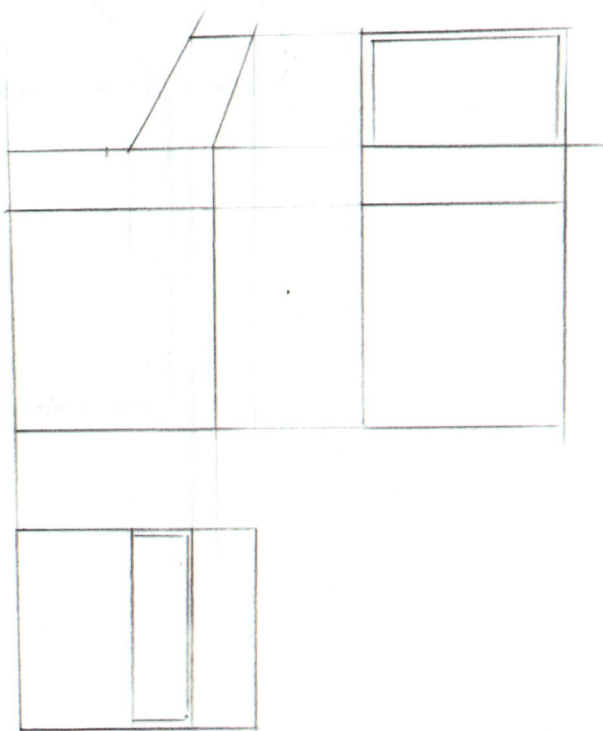

图 2-5　三视图

步骤 03 绘制与三视图相对应的三维立体图
（图 2-6）

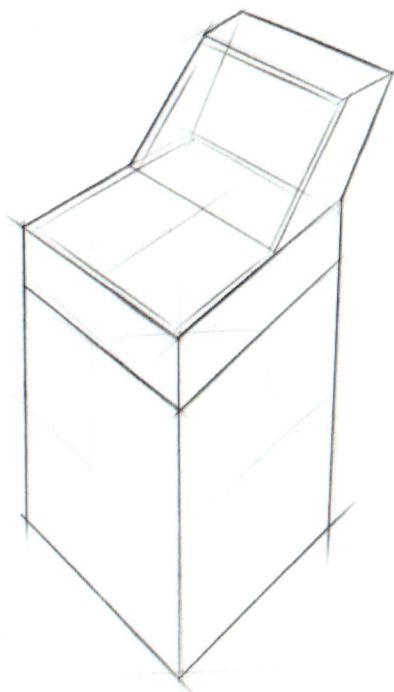

图 2-6　三维立体图

1. 根据正视图（图 2-7），画出侧视图、顶视图和对应的立体图。

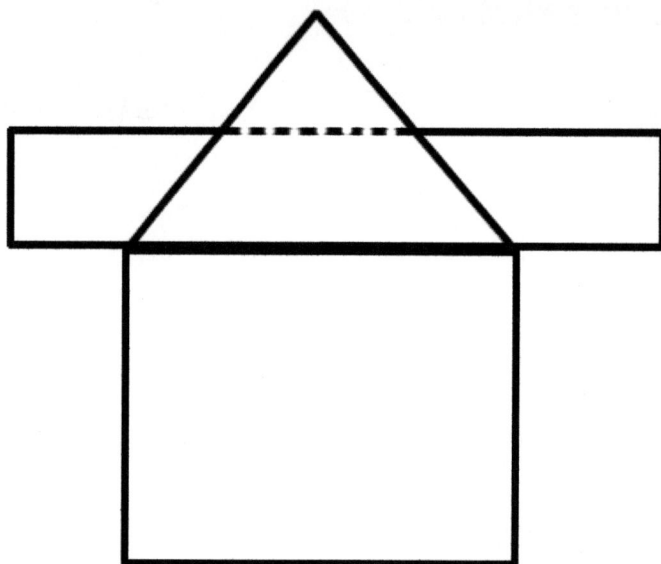

图 2-7　正视图

2. 根据顶视图（图2-8），画出侧视图、正视图和对应的立体图。

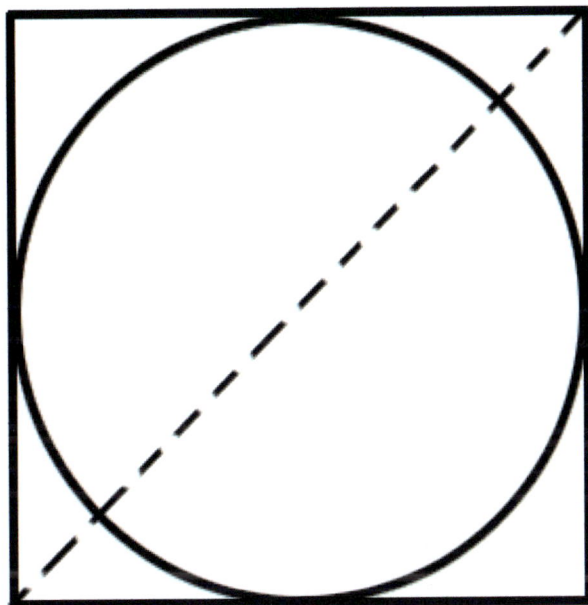

图 2-8　顶视图

任务二
曲面体的绘制

任务引入

"玻璃箱"是一种惯用的比喻，用来说明如何将物体各个面平行投影至玻璃箱相对的面上，以形成各种视角的正投影视图。如果这个箱子是纸做的，就可以把它展开，将各个正投影视图展示出来，而且各个视图会按照正投影法规定的方式排列（图2-9）。

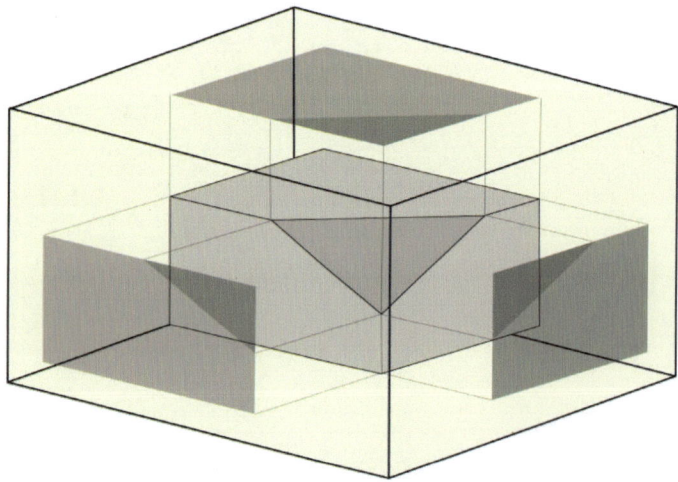

图 2-9　空间投影

这个玻璃箱的比喻法，为的是让我们在画图时习惯于"看穿物体"。设计师要将所画的物体想象成用玻璃制成的，因此能看见正常情况下看不见的后面和侧面。这个过程被称为视觉闭合的感知现象。即使被别的物体或物体本身的前面挡住，而导致无法看见某个物体的后面，但我们的大脑还是会知道这些面实际上是存在的，而且能够推测它们的位置。穿透物体来进行绘图对草绘的制作是非常重要的，本书会通过构造法不断使用到这个技巧。

将玻璃箱的透明特性再加以扩大延伸，设计师可以将所有的对象都置于这个透明框架里，以便更有把握地在三维空间中绘制草图。草绘必须先从一个视图开始（将正投影视图旋转偏移转换成透视空间），这样有助于快速建立物体或空间的整个形态或外形轮廓。框架可能是很快画出来的平面，也可能是一个准确地放置在透明平面上的剖面。只要最初画的视图的位置正确，设计师就可以开始建构这个透明的框架系统，并根据需要快速地增加更多的平面或剖面。

任务描述

虽然剖面主要是用于技术图或是工程图，但是对于草绘而言，它也是将几何形状拆解成更小、更容易处理的区块的重要概念工具。当剖开某个物体检视其内部几何形状时，就会在切口的位置产生剖面。若以线性方式将某个物体切割很多次，就可从切割的剖面看出这个物体的内部结构，就如同船的船肋一样，这样设计师就能够更直观地工作，对于可能的变化也能更灵活应对。随着设计师的技巧提升，对于这种视觉辅助框架结构的依赖就会随之减少，同时在绘图时形成条件反射。

接下来我们要来探讨如何借助剖面的力量，将一个形体拆解成更小的组成部分。理解这个过程的其中一个方法就是想象一个具有多个剖面构成的曲面体，它界定了这个曲面体的几何形状。有了这一组剖面，才能描绘出曲面体的外轮廓（图 2-10）。

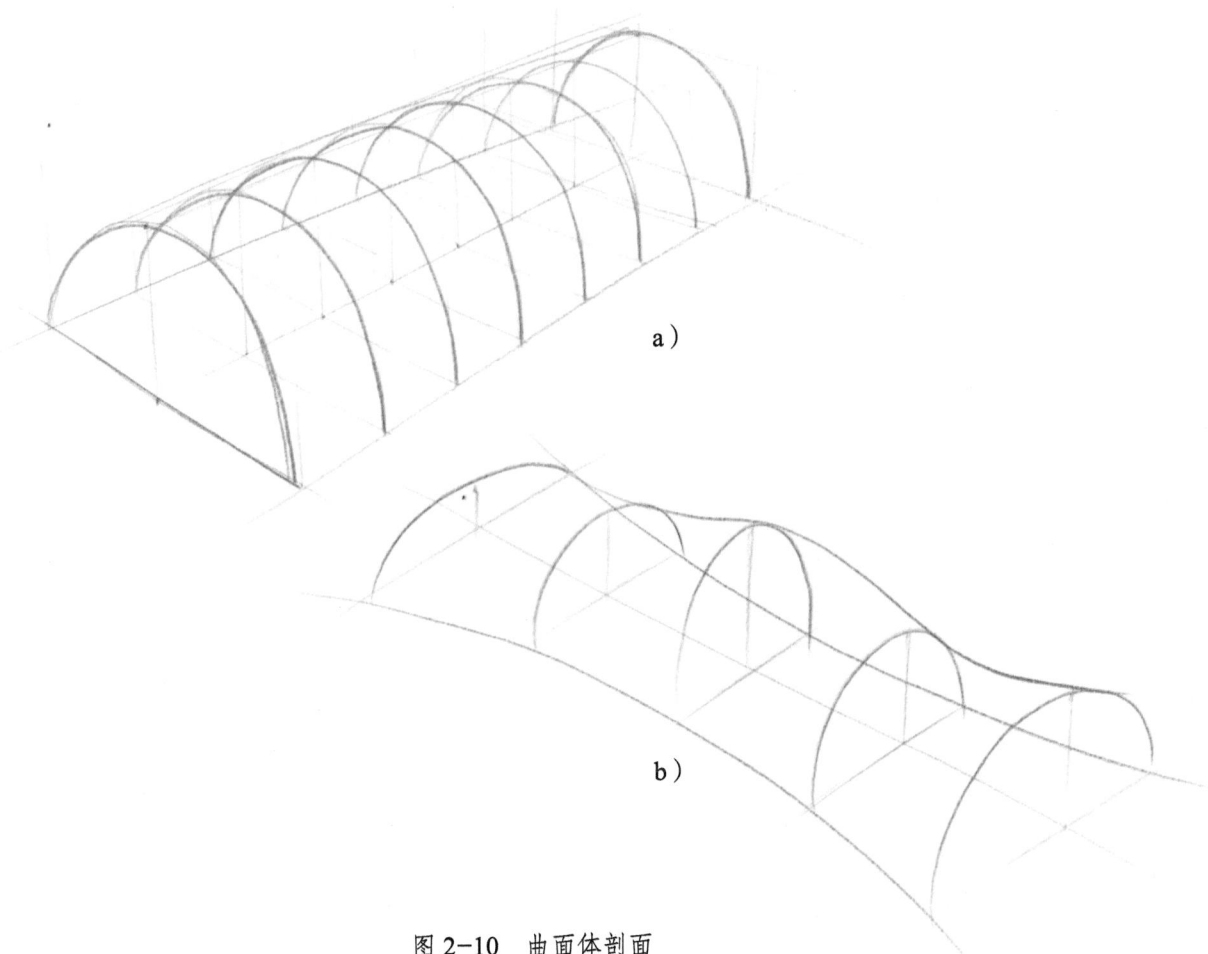

a）

b）

图 2-10　曲面体剖面

任务实施

以图 2-15 为例，扫描二维码，跟随视频 2-6，完成曲面体透视绘制。

视频 2-6
曲线透视

步骤 01 确定曲面体的方向并绘制俯视图底面特征线（图 2-11）

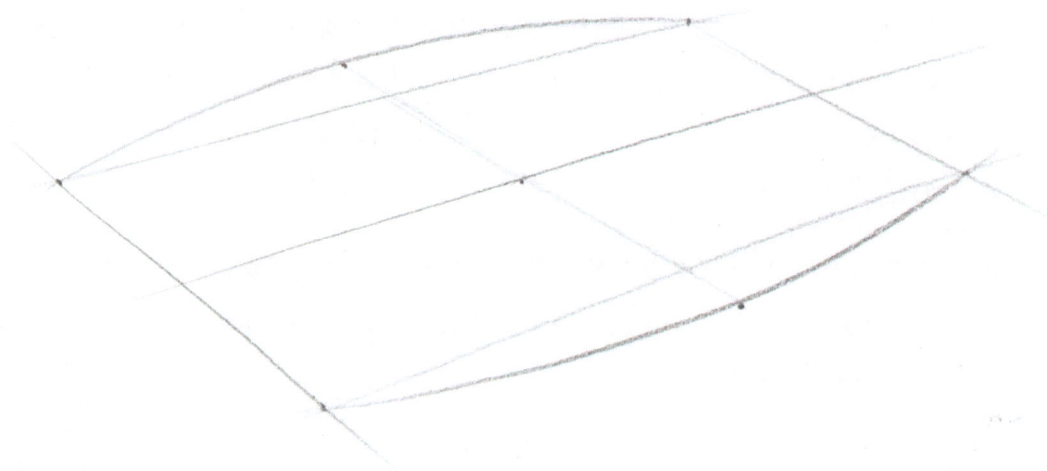

图 2-11　底面特征线

步骤 02 用定点法绘制曲面体的侧视图特征线（图 2-12）

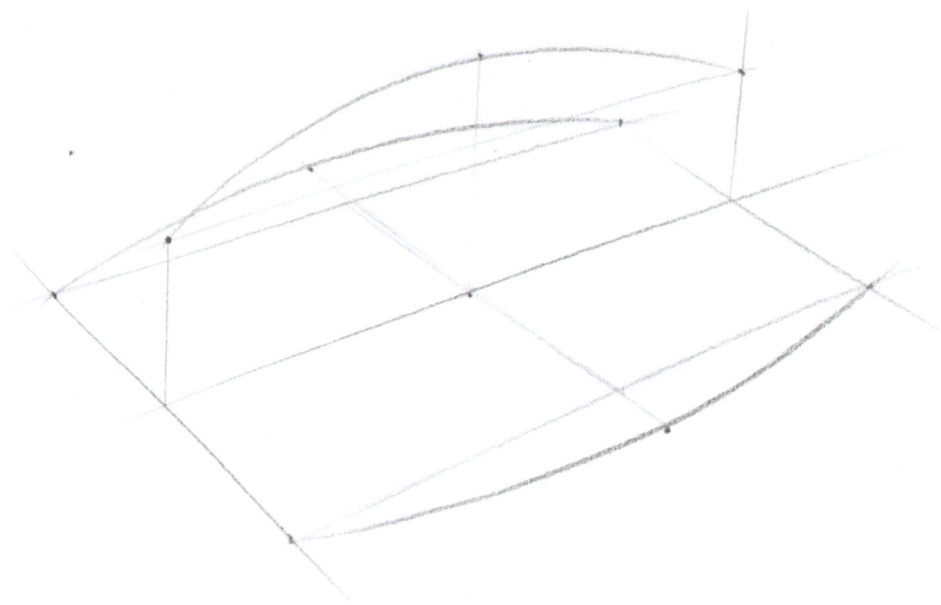

图 2-12　侧视图特征线

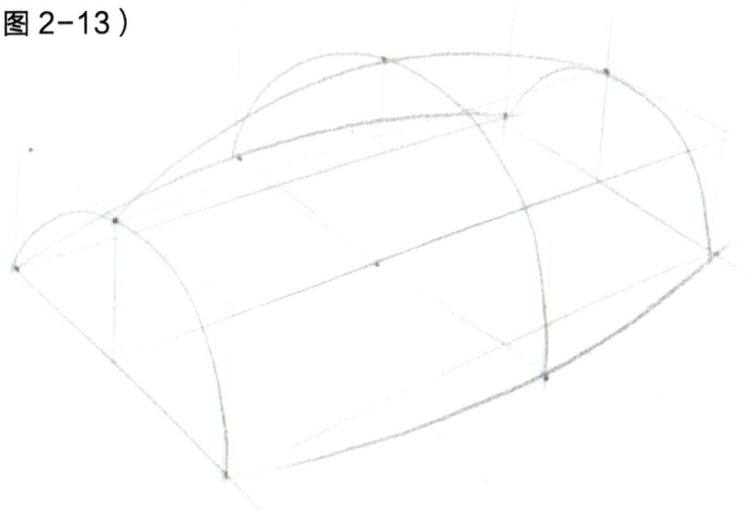

图 2-13　前视图方向特征线

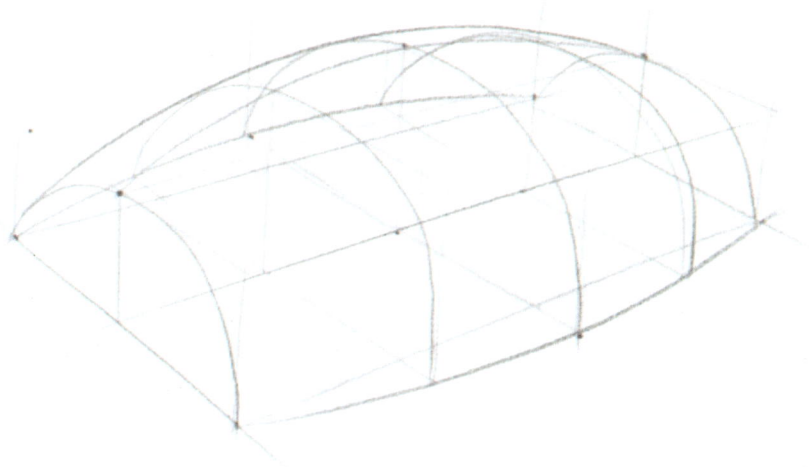

步骤 04　绘制增加前视图方向的主要特征线及连接外轮廓线，外轮廓必须与结构线相切（图2-14）

图 2-14　外轮廓线

步骤 05　绘制加深外轮廓线及主要特征曲线（图2-15）

Tips

曲面体练习开始会比较难画，可以画得慢一点。若画不准，可以回到项目一练习三点画曲线的方法。

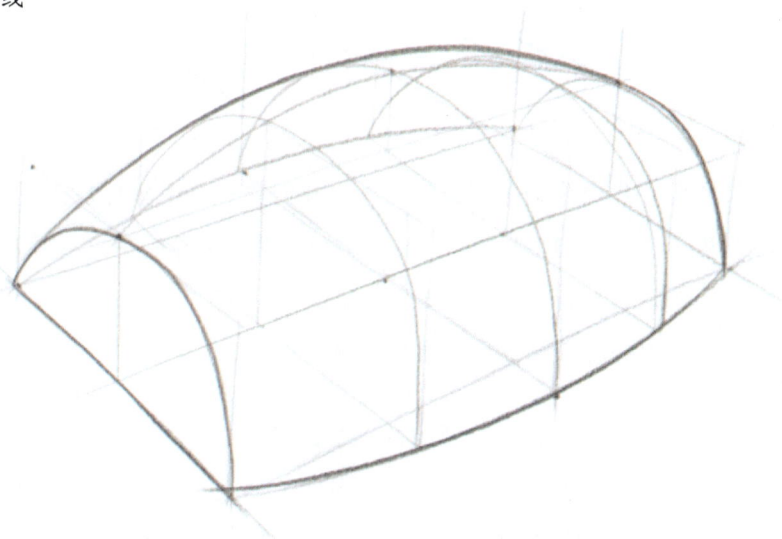

图 2-15　加深外轮廓线及主要特征曲线

任务三
鼠标的绘制

任务引入

用透视剖面的建构去发展创意是很重要的一种能力，因为它能让设计师"看穿"物体，同时想象在特定点或特定位置平面的各种不同剖面的样貌。想象贯穿物体或空间的剖面，能促使设计师用正投影概念去思考，这种思考方式能让设计师更明确掌握设计的比例关系。调整剖面的形状会改变物体整体的形状，如同挤压一条软管就会改变它的表面外观。

轮廓边线将各个剖面串连成一个连贯的整体，让物体的形状显现出来。所有的几何形状都是二维的（如长方形、圆形、三角形等），然而，将所有剖面连接在一起的轮廓边线却是三维的（复合曲线）。在这个任务中，我们选择了一个常见、常用并极具代表性的产品——鼠标来进行分析与绘制。

任务描述

为了进一步理解剖面结构的概念，我们将计算机鼠标放入一个由网格状平面相交构成的笛卡尔空间里，如图 2-16 所示，可看到主要的正透视图（前视、侧视和俯视），以及三个沿着鼠标侧视图的长度方向的剖视图（以橙、蓝、绿三个颜色区分），这些图经过两次的旋转，成为更清楚易懂的正投影视图。

视频 2-7 是对鼠标结构草绘的剖析讲解。这个草绘过程是从带透视角度的俯视图开始画，再画带透视角度的侧视图，最后再加上几张剖视图。里面的每张视图都可被想象成构成简单线框的剖面，而包覆线框的就是鼠标的外壳表面。

视频 2-7
鼠标结构的剖析
绘制

a)

b)

c)

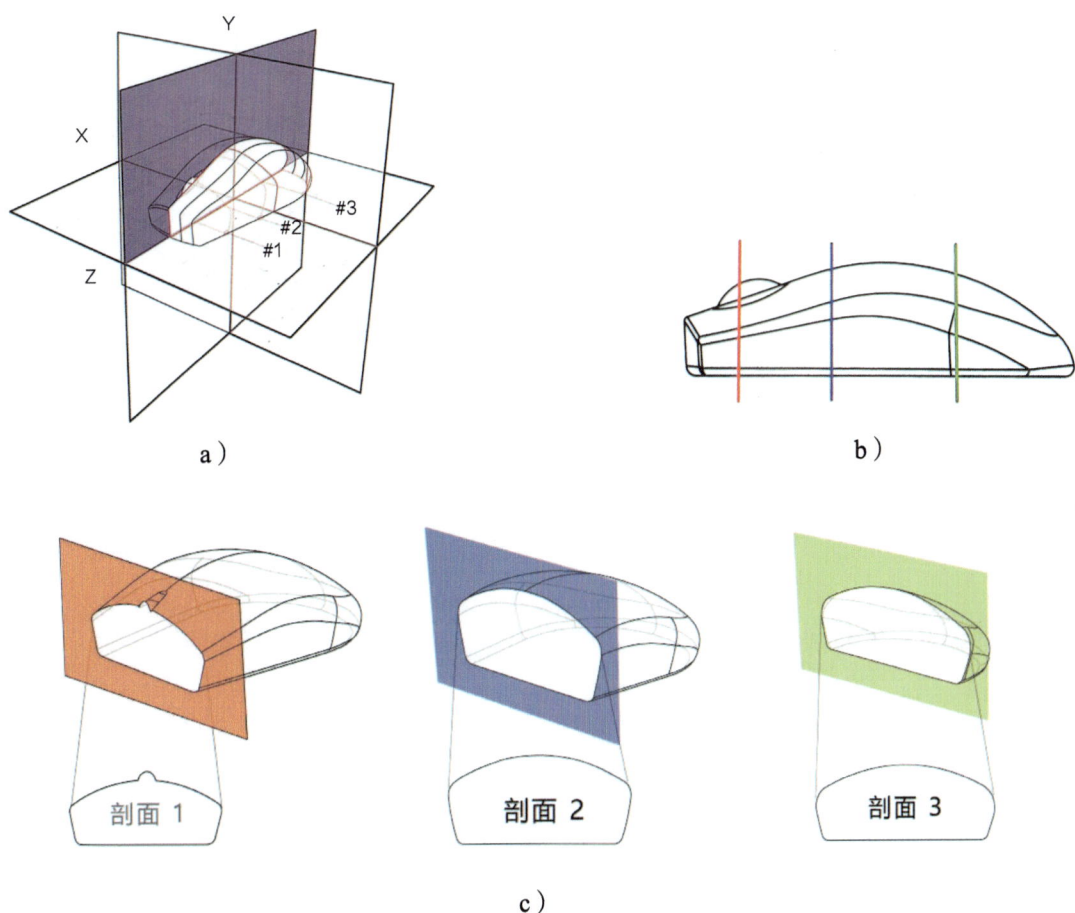

图 2-16　鼠标剖面图

剖面 1　　　剖面 2　　　剖面 3

任务实施

以图 2-20 为例，扫描二维码，跟随视频 2-8，完成鼠标外轮廓绘制。

步骤 01　绘制鼠标底部轮廓（图 2-17）

视频 2-8
曲面鼠标

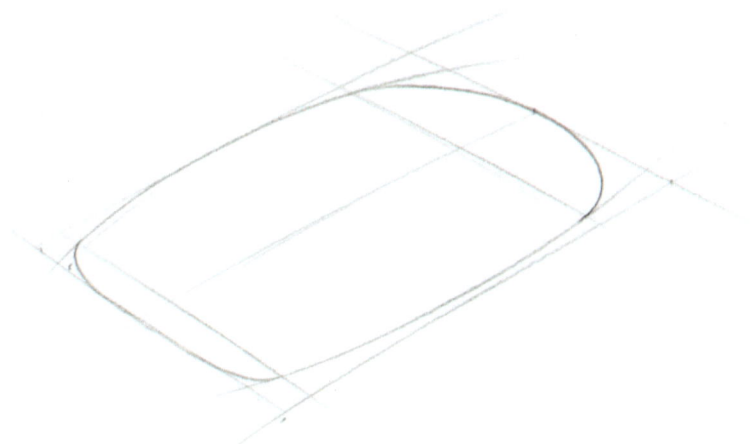

图 2-17　底部轮廓

步骤 02 绘制鼠标长轴方向的剖面线（图2-18）

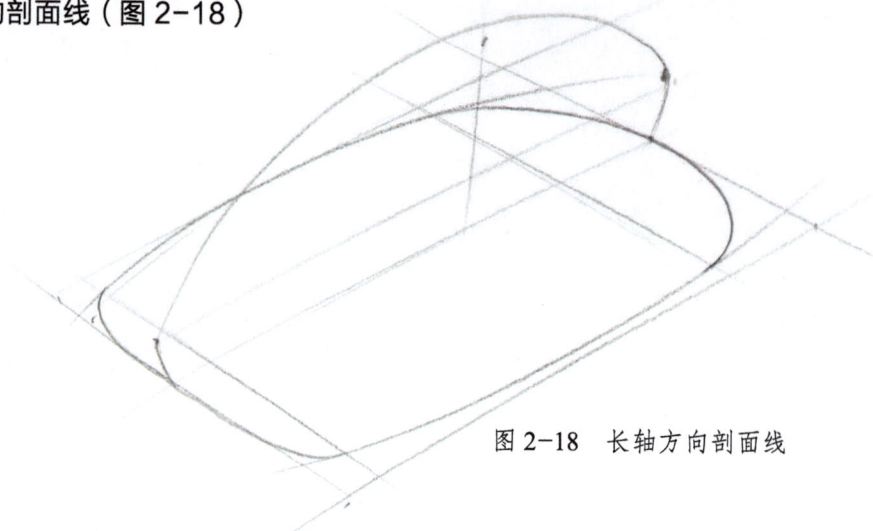

图 2-18 长轴方向剖面线

步骤 03 绘制鼠标短轴方向的剖面线（图2-19）

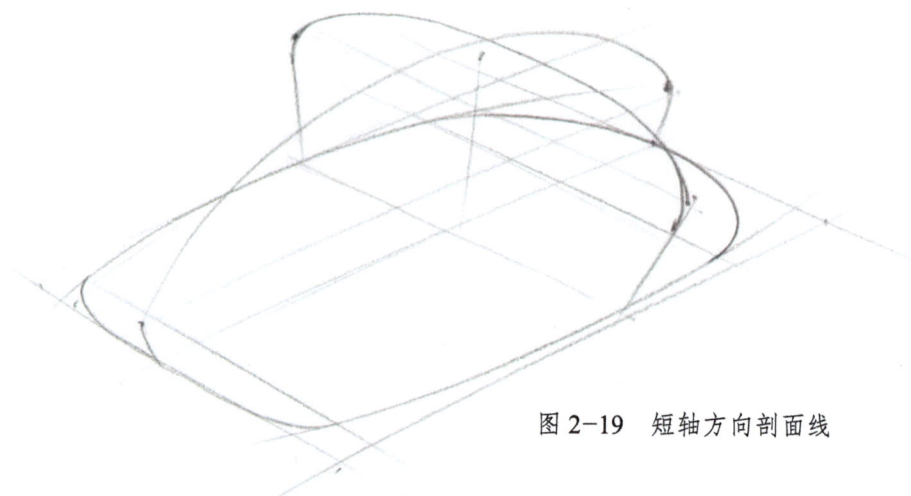

图 2-19 短轴方向剖面线

步骤 04 连贯剖面线，绘制鼠标外轮廓（图2-20）

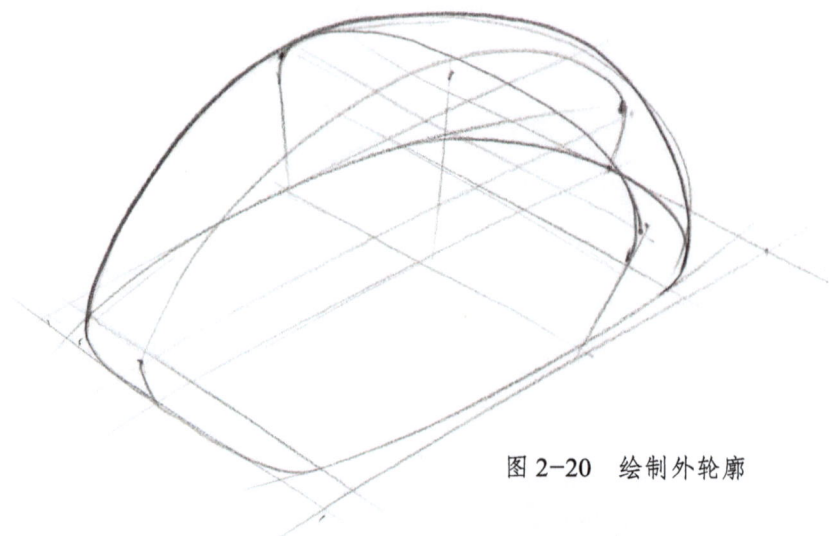

图 2-20 绘制外轮廓

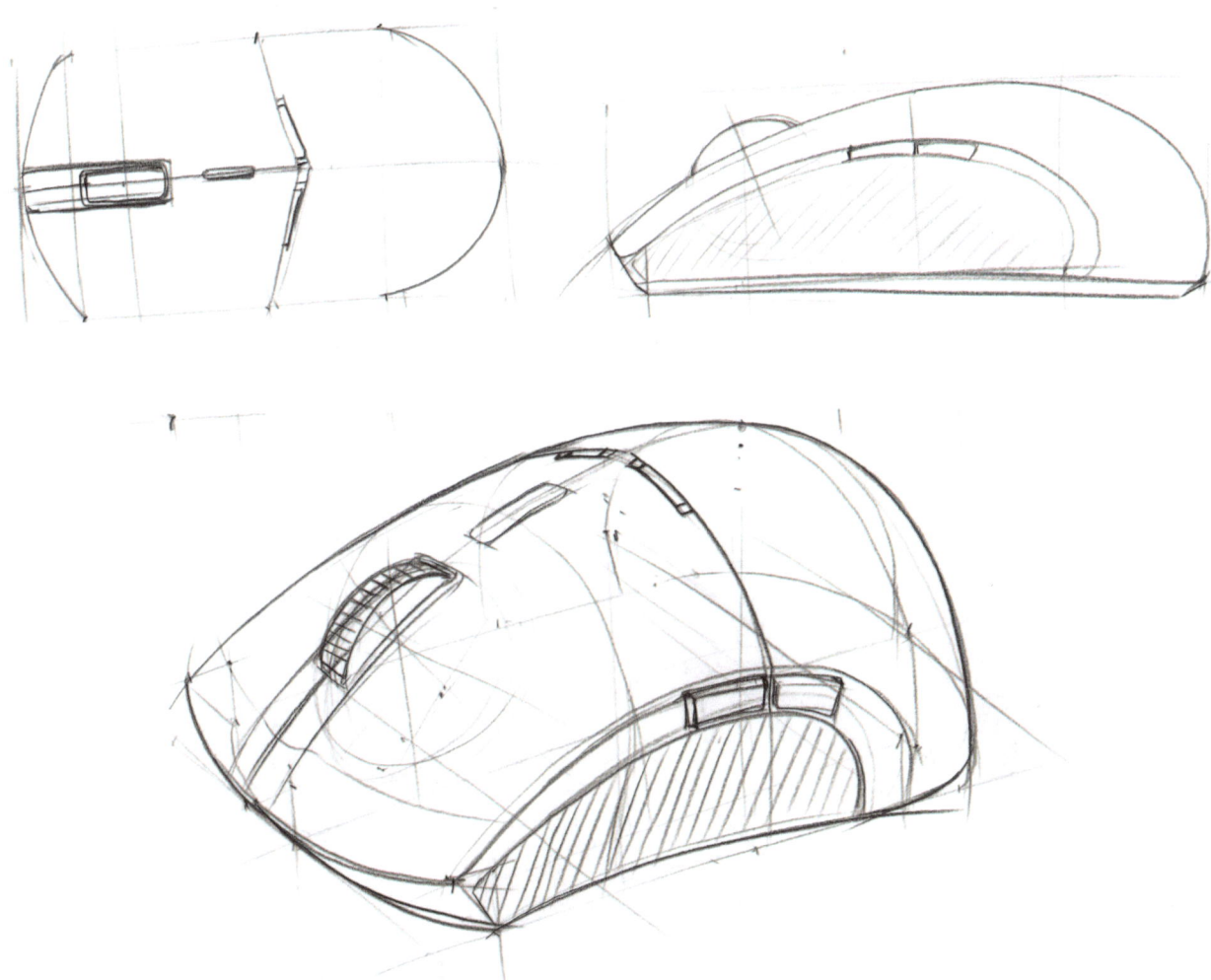

图 2-21　绘制鼠标功能区及细节

视频 2-9
项目二小结

本项目小结见视频 2-9。

Tips

制图、轴测图、结构素描三个知识点都是工业设计手绘过程中的基础内容。制图是设计师必须掌握的看家本领，它能够准确地表达出物体的形态，也是设计师和工程师之间交流的重要手段之一。

美容仪结构绘制（图 2-22）。

将带有功能区的曲面体结合人机工学，就可以塑造日常生活中经常跟人接触的各种产品形态了。图 2-22 是通过辅助线和结构线画出的美容仪产品形态。

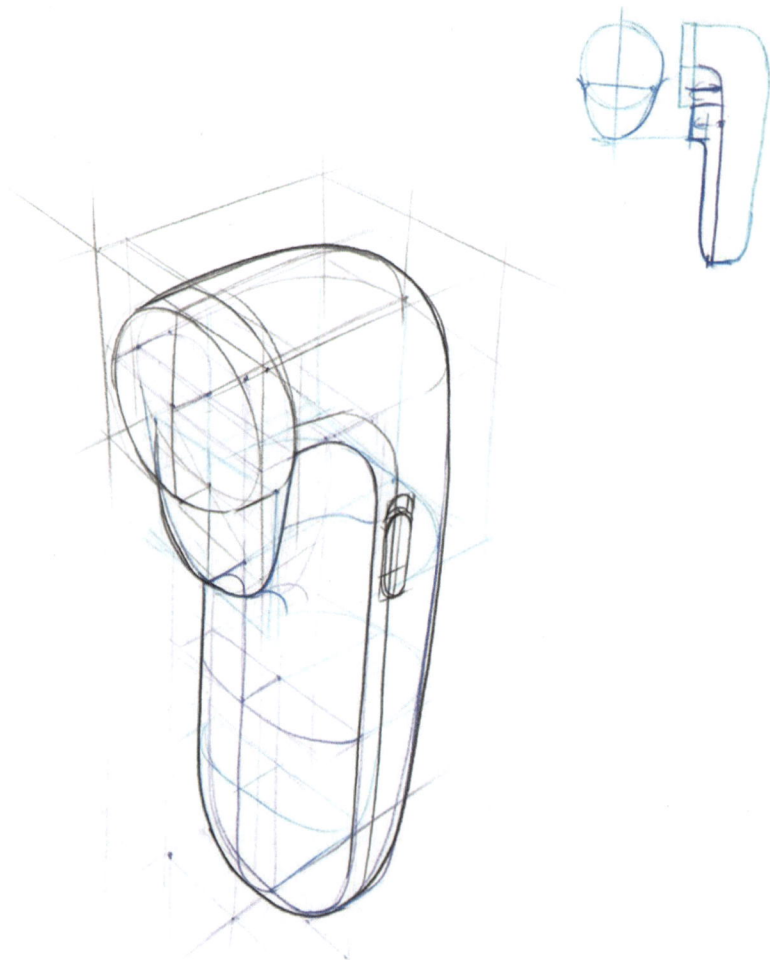

图 2-22　美容仪产品形态

精选产品结构绘制案例

通过对鼠标结构的学习，我们初步了解了剖面结构的概念，为了加深理解、提升技能，我们将通过"精选产品结构绘制案例"继续深化学习内容。

视频 2-10
面包机结构绘制

1. 面包机结构绘制（图 2-23）。

扫描二维码，跟随视频 2-10，学习面包机结构绘制。

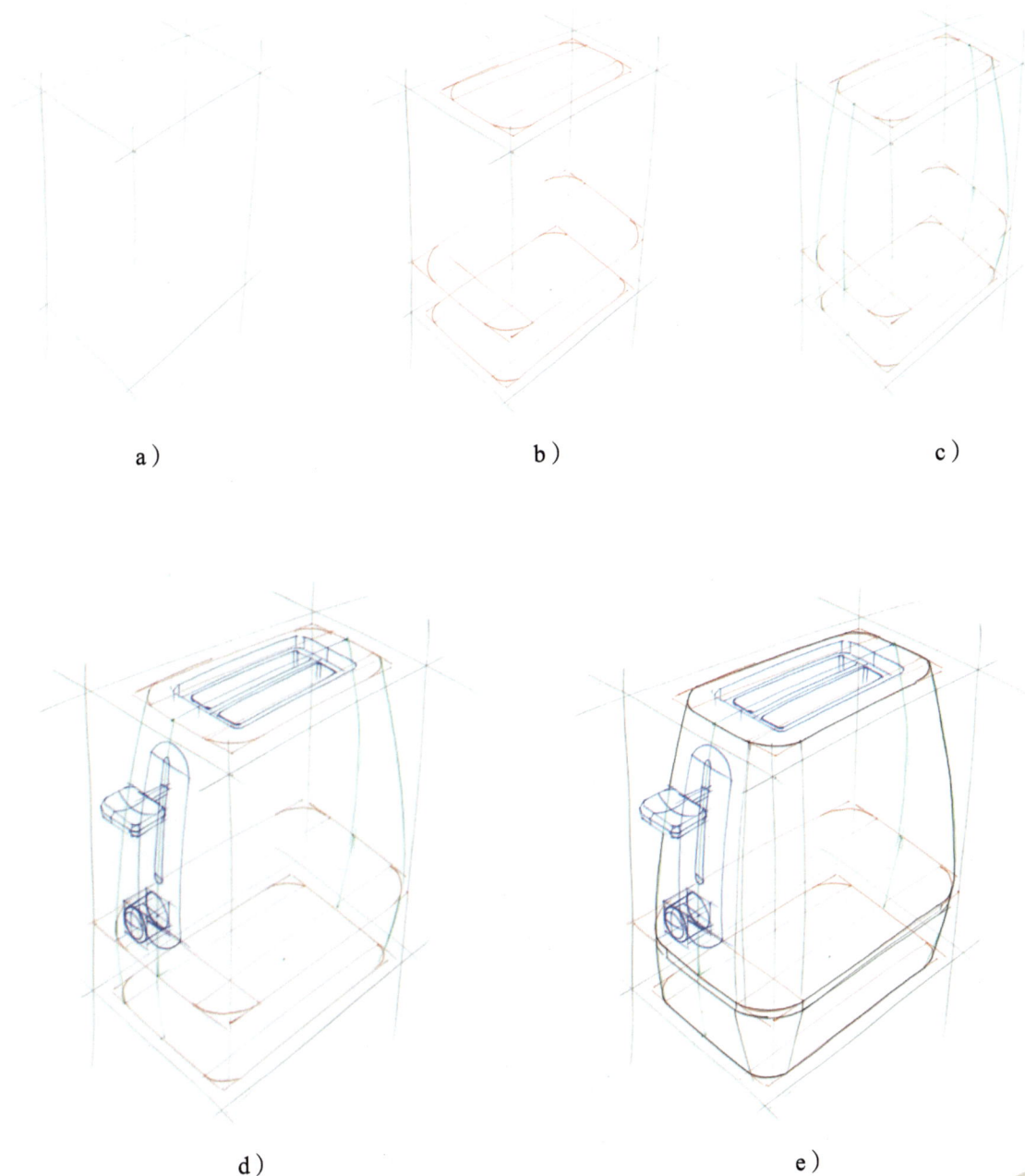

图 2-23 面包机结构绘制步骤

精选产品结构绘制案例

2. 小型打印机结构绘制（图 2-24）。

扫描二维码，跟随视频 2-11，学习小型打印机结构绘制。

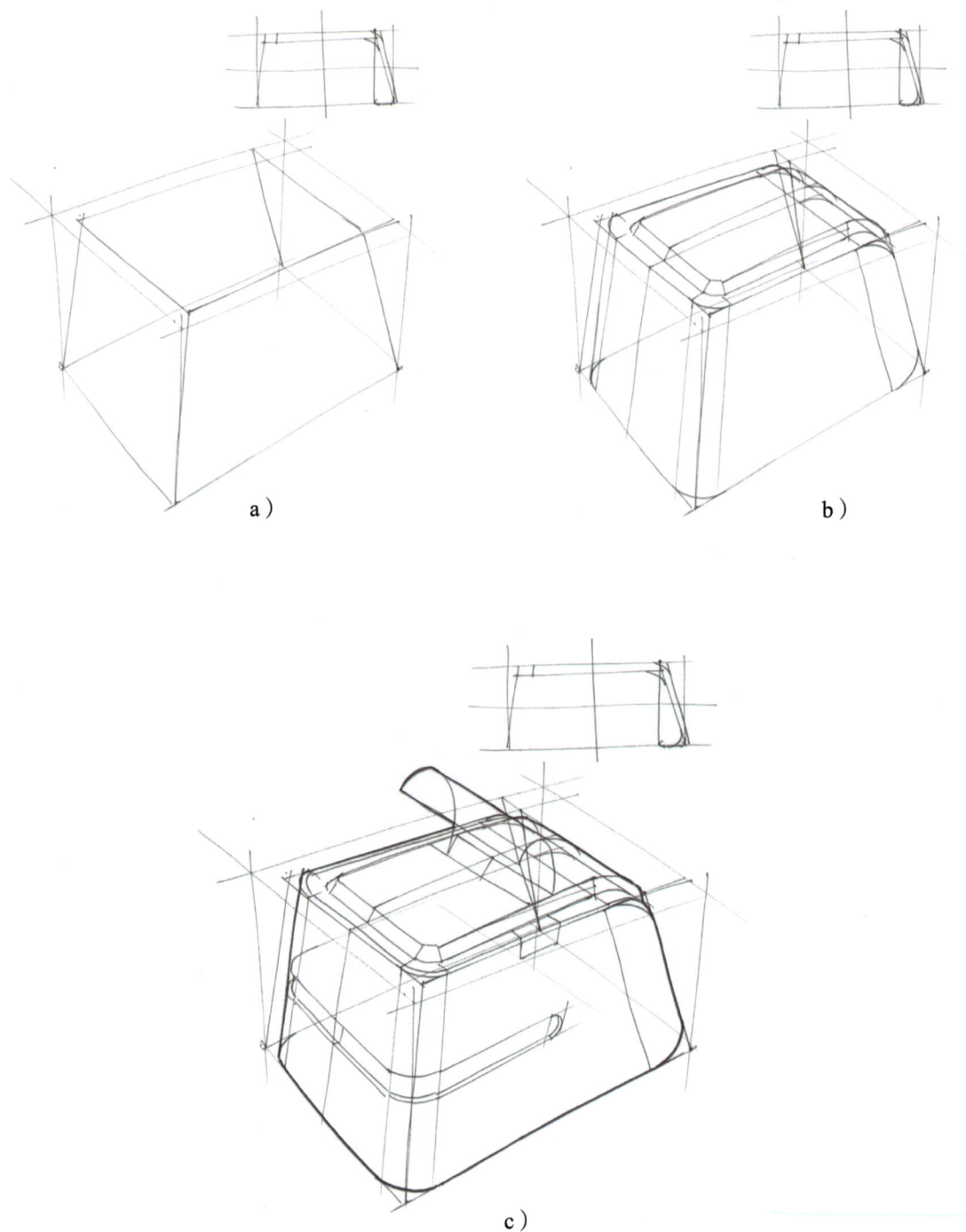

a）

b）

c）

图 2-24　小型打印机结构绘制步骤

3. 遥控器结构绘制（图 2-25）。

扫描二维码，跟随视频 2-12，学习遥控器结构绘制。

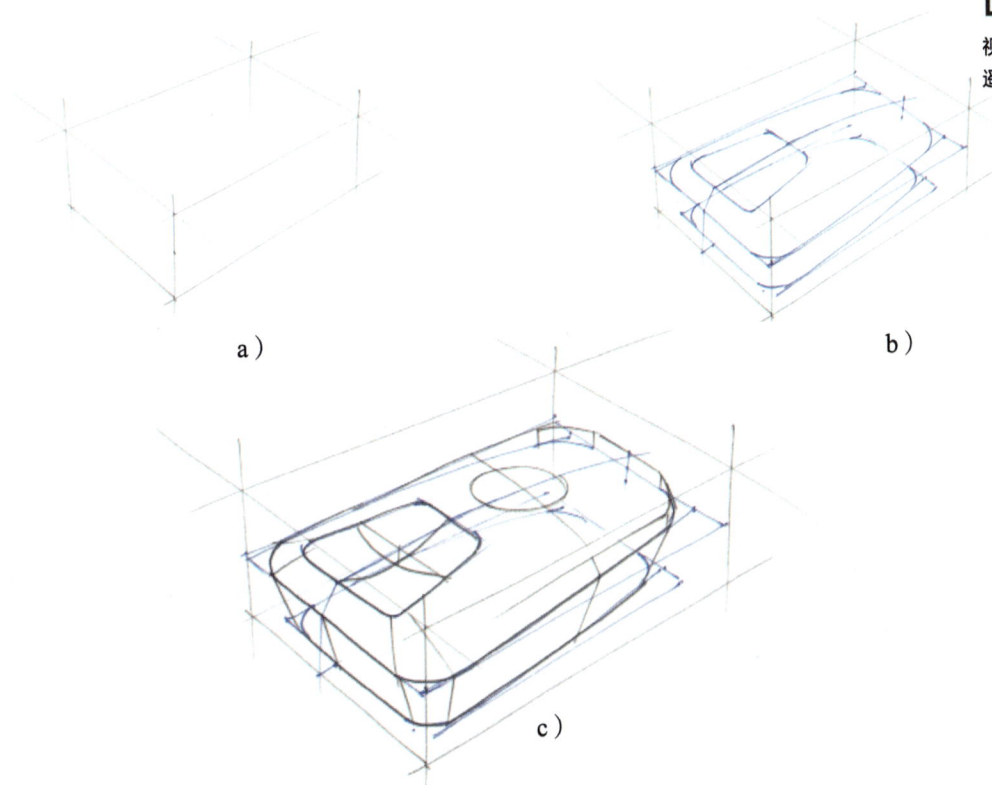

视频 2-12
遥控器结构绘制

a）

b）

c）

图 2-25　遥控器结构绘制步骤

4. 美容仪结构绘制（图 2-26）。

扫描二维码，跟随视频 2-13，学习美容仪结构绘制。

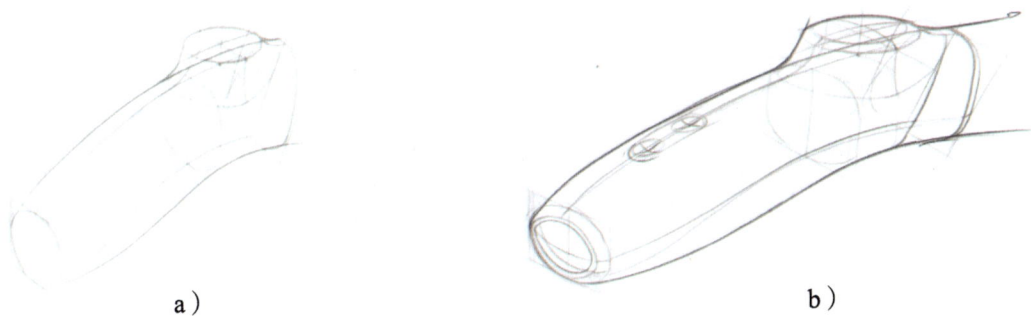

视频 2-13
美容仪结构绘制

a）

b）

图 2-26　美容仪结构绘制步骤

案　例

5. 饮水机结构绘制（图2-27）。

扫描二维码，跟随视频2-14，学习饮水机结构绘制。

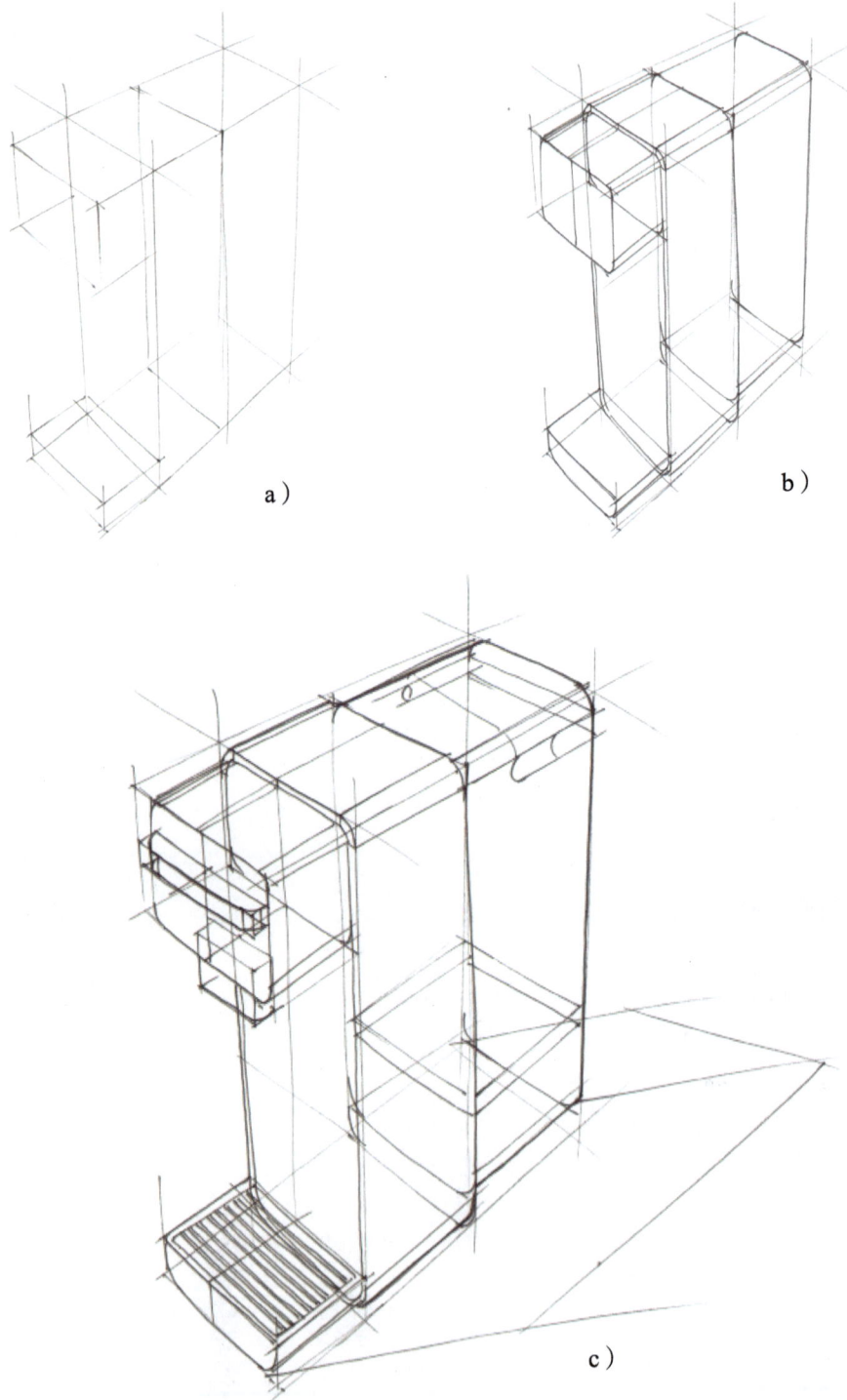

视频2-14
饮水机结构绘制

a）

b）

c）

图2-27　饮水机结构绘制步骤

6. 检测仪结构绘制（图 2-28）。

扫描二维码，跟随视频 2-15，学习检测仪结构绘制。

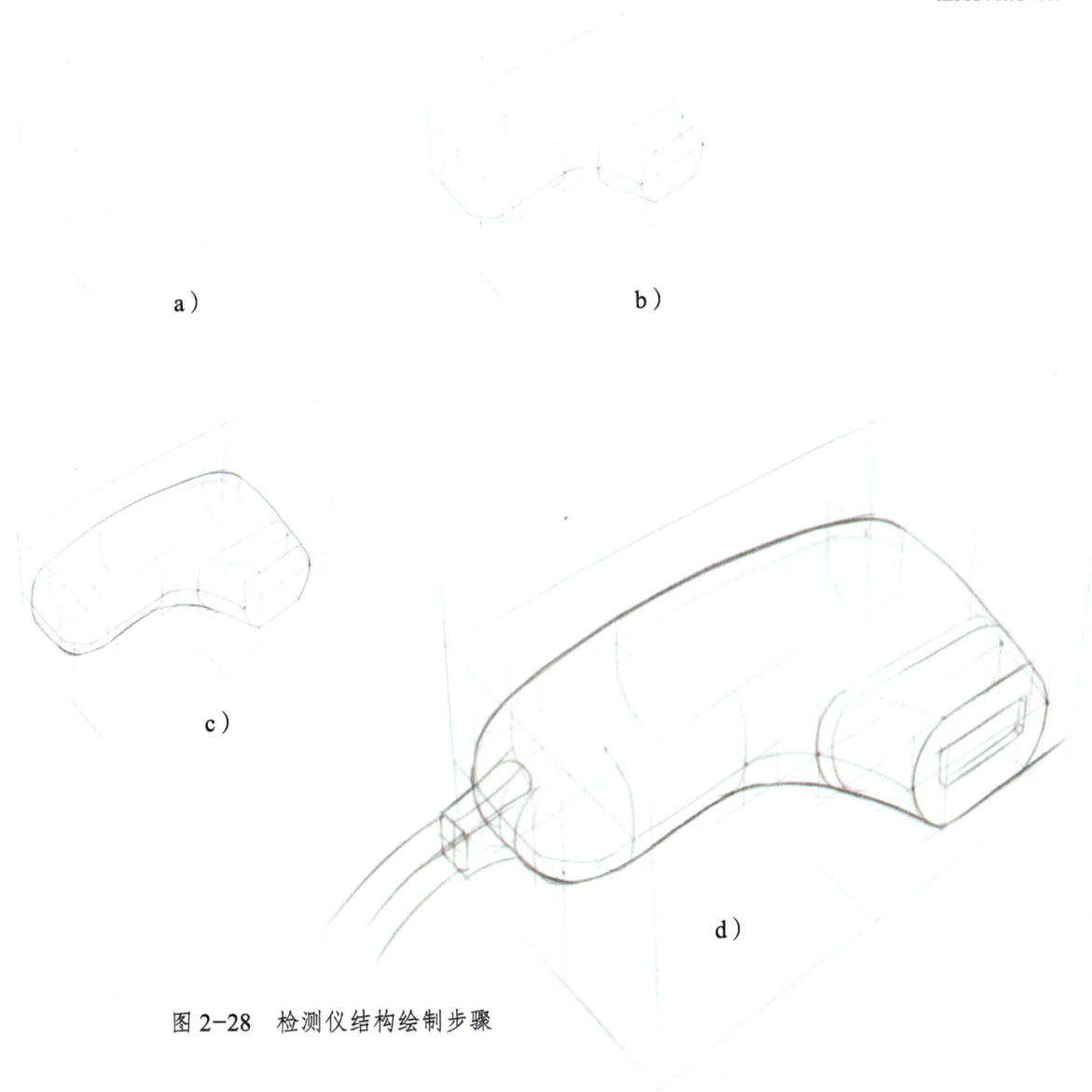

a）

b）

c）

d）

图 2-28　检测仪结构绘制步骤

Tips

　　初学者画好产品手绘的捷径：先搭建好基本框架，再画出主要转折处的剖面，最后画轮廓。

案　例

精选产品结构绘制案例

7. 吸尘器主机结构绘制（图 2-29）。

扫描二维码，跟随视频 2-16，学习吸尘器主机结构绘制。

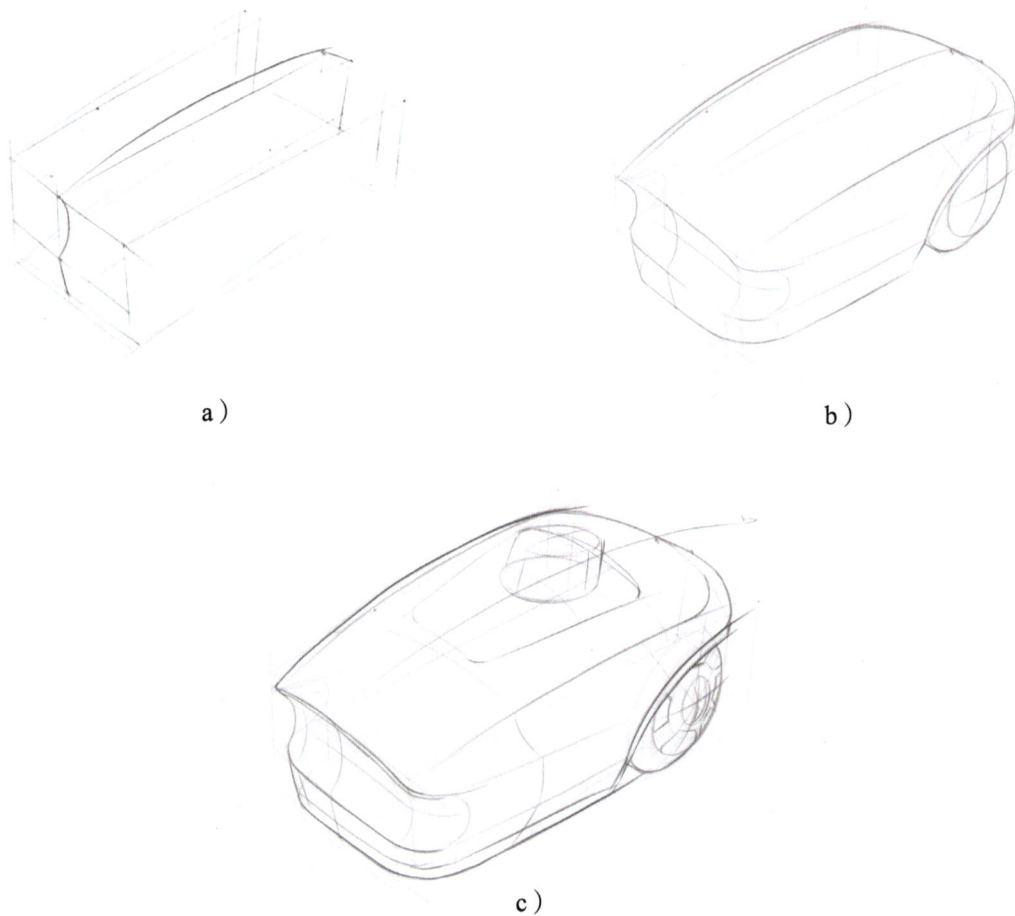

视频 2-16
吸尘器主机结构绘制

a）

b）

c）

图 2-29　吸尘器主机结构绘制步骤

> **Tips**
>
> 几何形状都是二维的，当我们利用这些几何形状摆在一定的方位上，连接在一起的轮廓边线，就可以构成我们想要的三维（复合曲线）产品。

案　例

项目三

产品基本形态构成的绘制

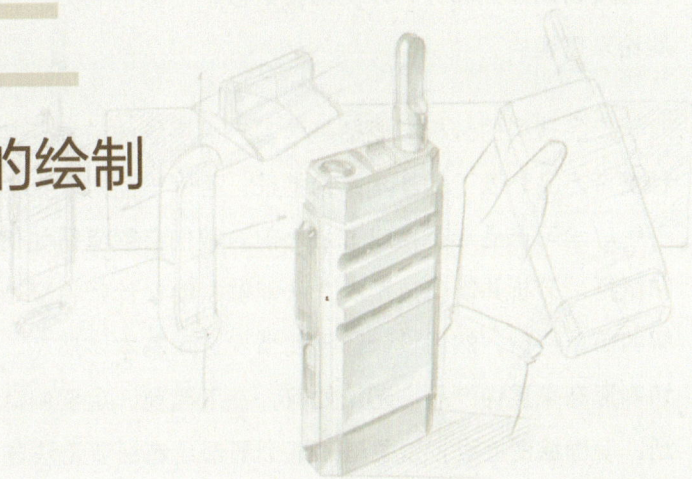

学习目标

理解并掌握产品基本形态的构成思路。

掌握基本体、几何叠加、几何切割形态的构成方法。

技能目标

能运用基本体形态构成法设计并绘制产品。

能运用几何叠加形态构成法设计并绘制产品。

能运用几何切割形态构成法设计并绘制产品。

素质目标

针对基础构成的深度学习，巩固设计基础，为之后的设计拓展做好准备。

项目引入

艾尔文·比德曼（Irving Biederman）是一位研究人类视觉和人工智慧的脑神经科学家。他在"由组成部分进行辨识"的理论中提出了"几何离子"的概念。几何离子组成一个有效的图书馆，里面包含了 36 个简单的形状，如立方体、圆柱体、圆锥体等，这些简单形状可以组合成上百万种人类可辨识的物体。他提出：有关人类对物体的辨识，有三个明显的特征，其一是不会随着视点改变，即不变性；其二是遇到不熟悉的物体仍具有运作能力；其三是遇到遮蔽或干扰时，辨识能力、速度、主观难易度也都依然存在。这对于提升手绘技巧而言非常重要，因为手绘草图本来就是一个没有明确目标的探索过程，设计师必须要有一个开放的态度，接受所有的可能性并灵活应对。

视频 3-1
项目三导航

"几何离子"的概念给我们的启发是：从最简单的形状开始，再将这些形状增加或切割某些部分，以更加接近我们想要的物体。三维模型也是依据这个理论来搭建的。

对于产品造型的分析与概括是学习产品手绘的前提，其核心在于如何发现各种复杂产品外表下的基本结构特征，否则当面对复杂的物体时，我们将无从下手。学习产品形态构成方法之前，我们必须懂得如何对产品形态进行拆分和概括。分析并简化造型的方法能够帮助设计师将复杂的物体转化为容易理解的简单造型，然后设计师再视情况选用基本体形态、几何叠加形态或几何切割形态来重构产品。无论如何，在下笔前一定要制订好分解策略，分析计划、明确绘图流程，以免陷入某个局部或者细节无法自拔。

接下来的任务会从两方面来开展，第一个方面是构成手法的介绍，第二个方面是通过产品案例来学习构成方法的具体运用，目的是将学到的设计构成手法融汇到具体的设计案例当中，锻炼设计思维。

任务一
基本体形态构成的分析与绘制

任务引入

基本体是最简单的一种产品呈现形态，由矩形体、圆柱体、球体等基本几何体单独构成。例如，图 3-1 中投影仪的构造，就是结合倒圆角、功能区划分、细节添加来实现一个完整的产品。在做产品定义和分析时，去除所有不必要的因素之后，往往会呈现出简化的造型。怎样让产品看起来简洁但不简陋？这就要求同学们要注意整体线型的走势变化、功能区划分的比例关系以及细节的设计与表达了。

视频 3-2
投影仪基本形态
构成

视频 3-2 展示了投影仪基本形态构成。

> **Tips**
>
> 透视原则：近大远小，近实远虚。

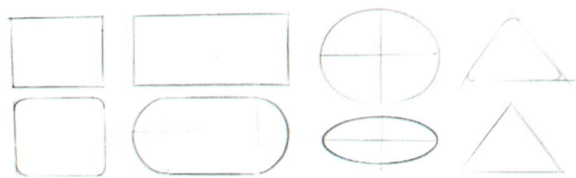

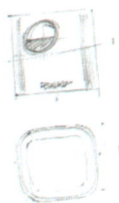

a）

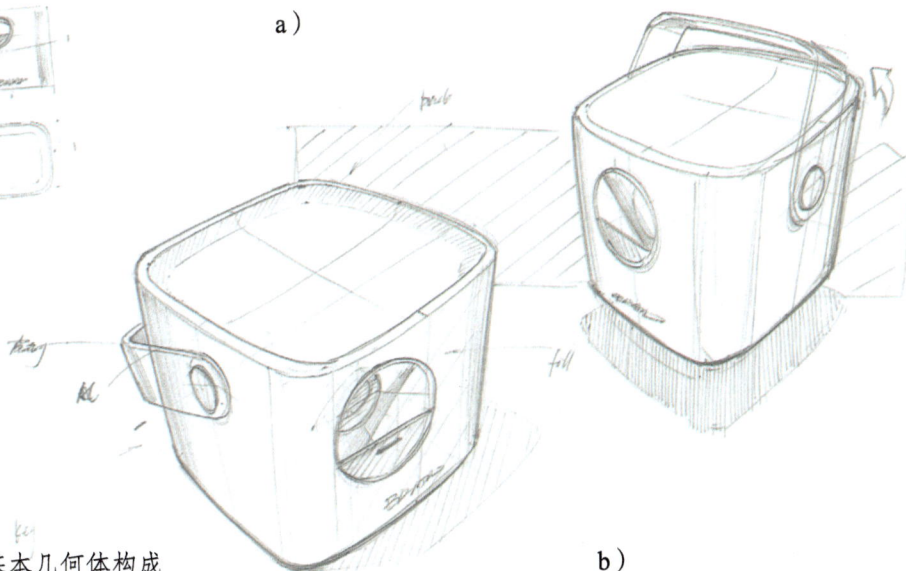

图 3-1　投影仪基本几何体构成

b）

任务描述

选择一个基本几何形，通过倒圆角、拉伸旋转、划分功能区、添加细节，完成产品的设计和绘制。

任务实施

扫描二维码，学习视频 3-3，完成面包机（图 3-4）的设计。

视频 3-3
面包机基本体形
态构成

步骤 01 选择一个矩形，通过倒圆角和拉伸形成一个基本体（图 3-2）

a）

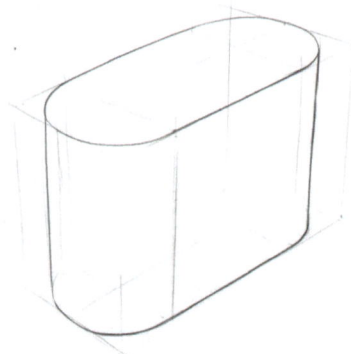

b）

图 3-2　基本体

步骤 02 选定工作区，并按比例进行工作区划分（图 3-3）

步骤 03 绘制具有较高识别性的产品细节（图 3-4）

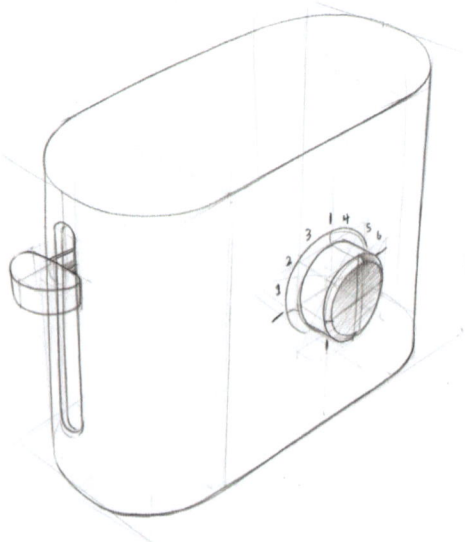

图 3-3　工作区

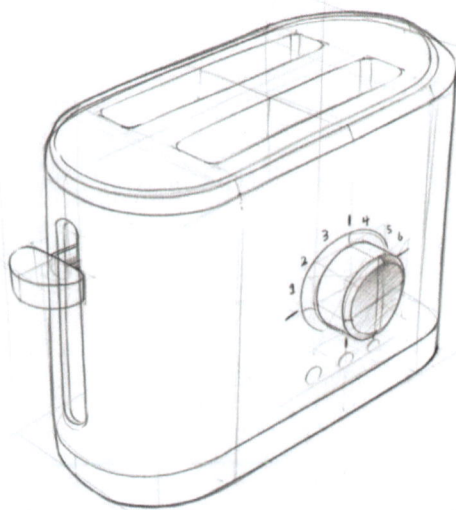

图 3-4　产品细节

从基本体到小型电机设备的绘制（图3-5）。

首先将这个电机设备看作一个矩形基本体，然后切出斜面倒角和操作区，最后根据中轴线对称地画出开关等细节。

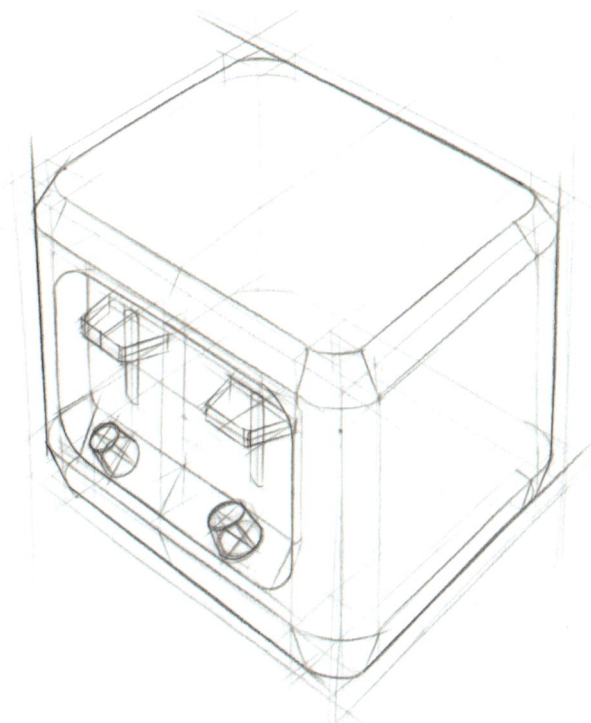

图3-5 小型电机设备

任务二
几何叠加形态构成的分析与绘制

任务引入

语素是语言的最小单位，语素加以结合或压缩就可以创造出语意。跟语言一样，我们用组合基本体的方式可以创造出新的与众不同的物体，设计师必须学会通过组合的方式，运用较简单的组成元素去建构复杂的形状。几何叠加的构成方法相当简单和直观：在既有的物体上添加一些形状，去扩充和突显产品的功能或外观。接下来，扫描二维码，学习视频3-4和视频3-5，我们用具体的案例来进行分析和绘制（图3-6、图3-7）。

> **Tips**
>
> 几何叠加手法——先破后立：
>
> 先将产品形态打破，再加入另外的模块，形成新的几何形态。这是产品设计的常用方法。

a）

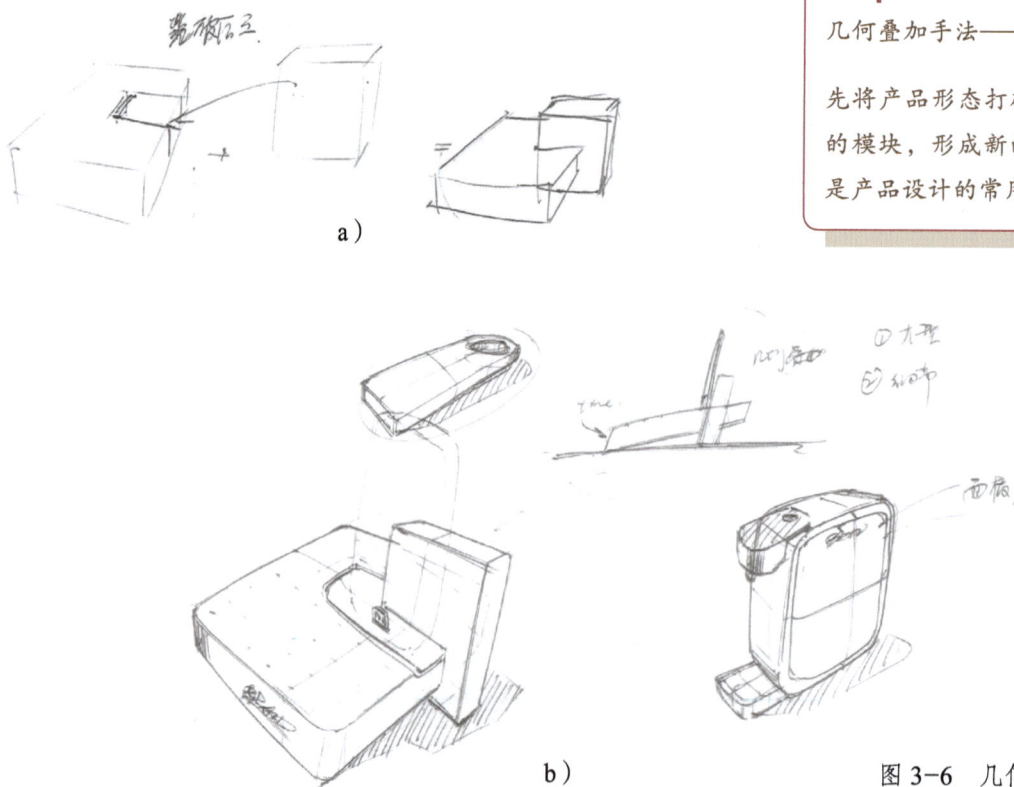

b）

图3-6 几何叠加产品

图 3-7　几何叠加：吹风机案例

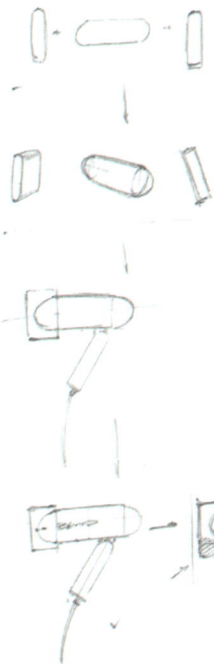

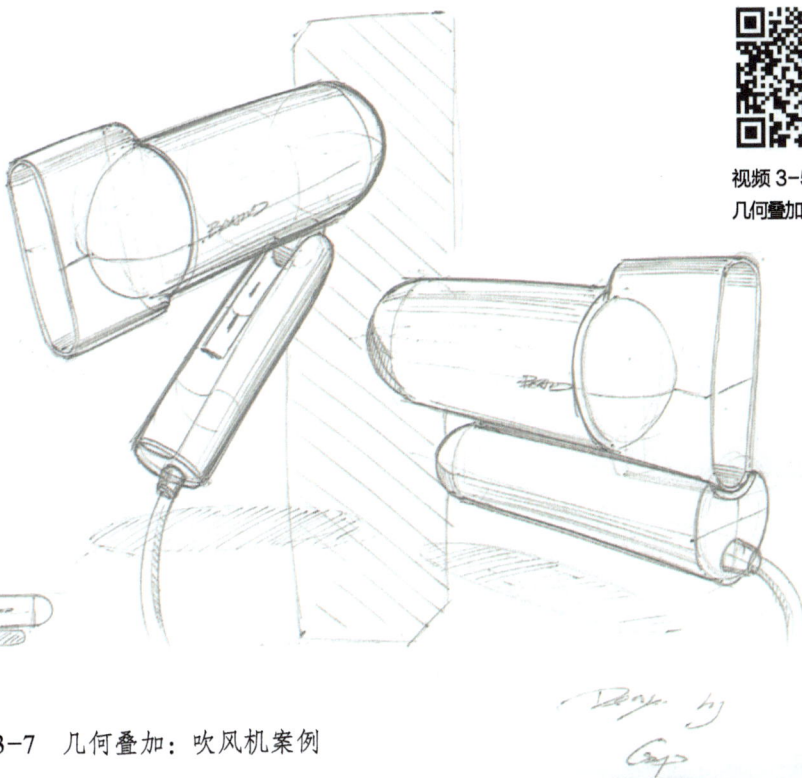

视频 3-5
几何叠加：吹风机案例

任务描述

准备好 A4 纸以及勾线笔，绘制几何体，学习课程内容并将其进行叠加构成，最终完成设计并绘制相对应的产品。

视频 3-6
几何叠加

任务实施

以筋膜枪为例，扫描二维码，跟随视频 3-6，完成筋膜枪的绘制。

步骤 01　绘制几何体并进行几何叠加（图 3-8）

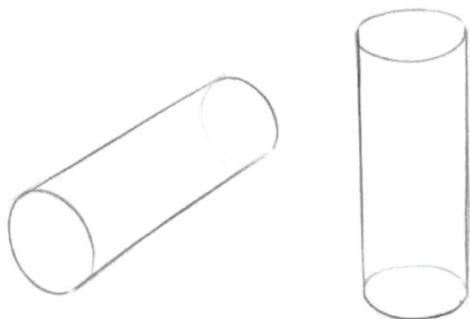

图 3-8　圆柱体

步骤 02　构思产品形态，确定放置方法（图 3-9）

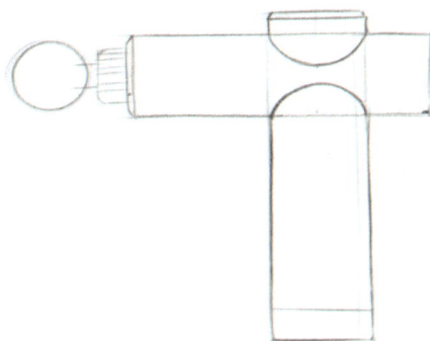

图 3-9　构思形态

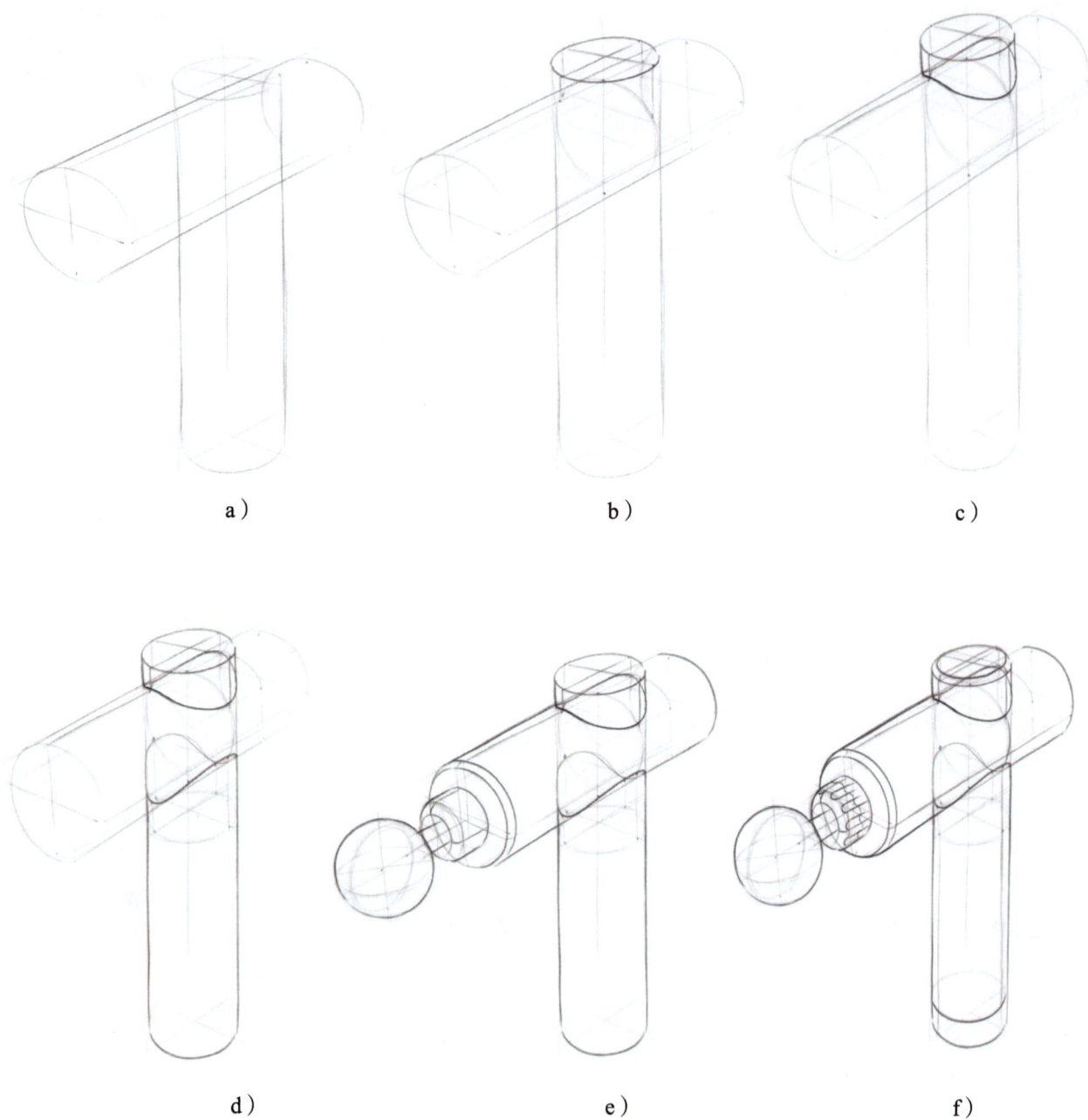

a ）   b ）   c ）

d ）   e ）   f ）

图 3-10 筋膜枪绘制步骤

Tips

产品设计的两个要点：1. 大形；2. 细节。

1. 绘制一个以几何叠加为形态语言的产品。

练一练

2. 图 3-11 是智能手提式音响，先画出主体部分，然后画出与之平行的几何提手部分，最后完善细节。

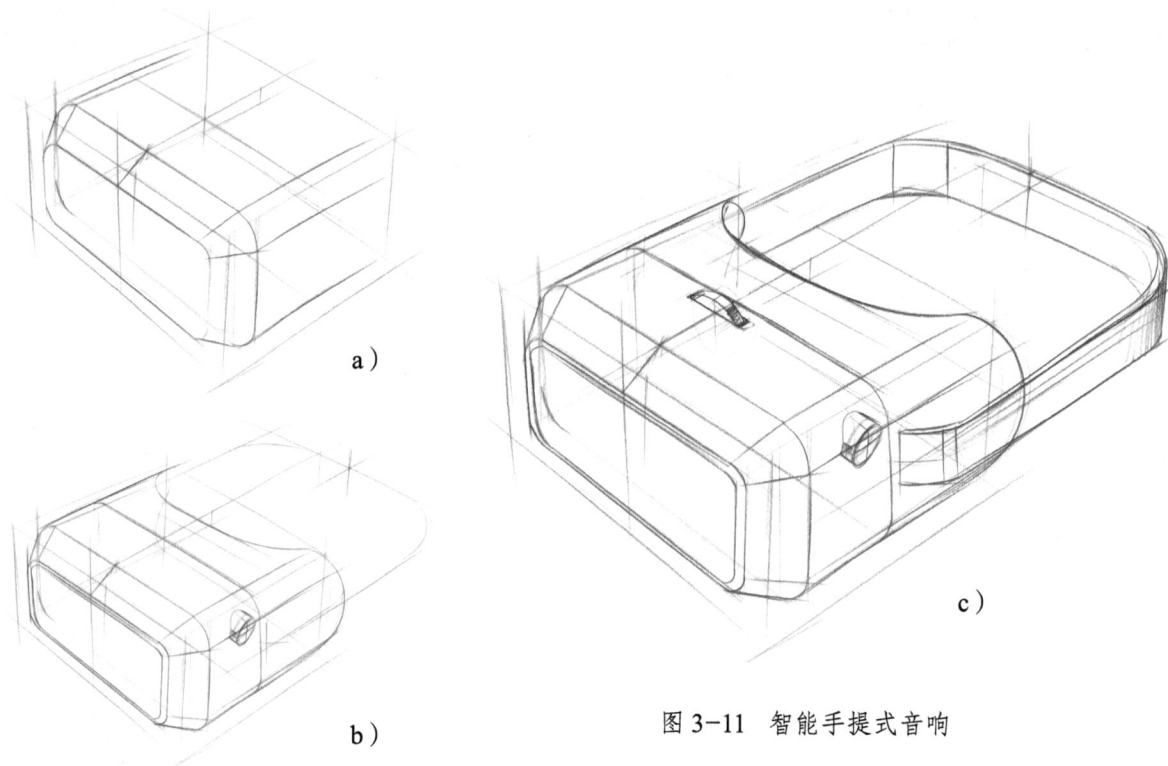

a)

b)

c)

图 3-11　智能手提式音响

3. 图 3-12 是摄像头。将壁挂式摄像头拆分为多个几何体叠加，通过中轴线对称的画出主体，注意透视关系的表达。

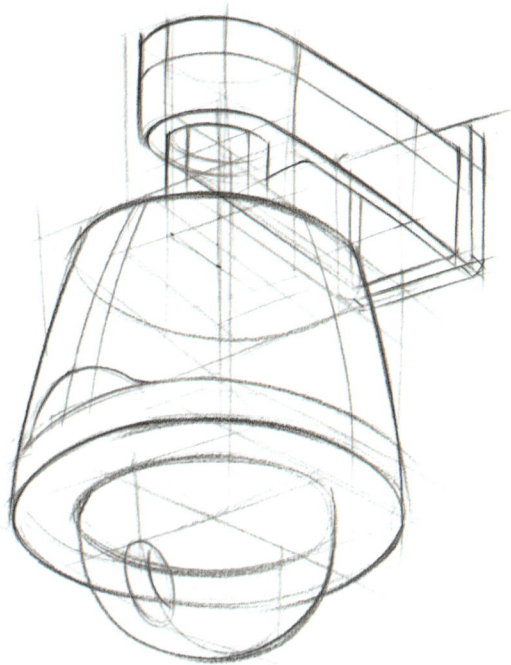

图 3-12　摄像头

练一练

4. 图 3-13 是电钻。将电钻拆分为多个几何体的叠加，通过中轴线对称的画出主体，通过不同角度的绘制，可将对象物表达得更加清晰。

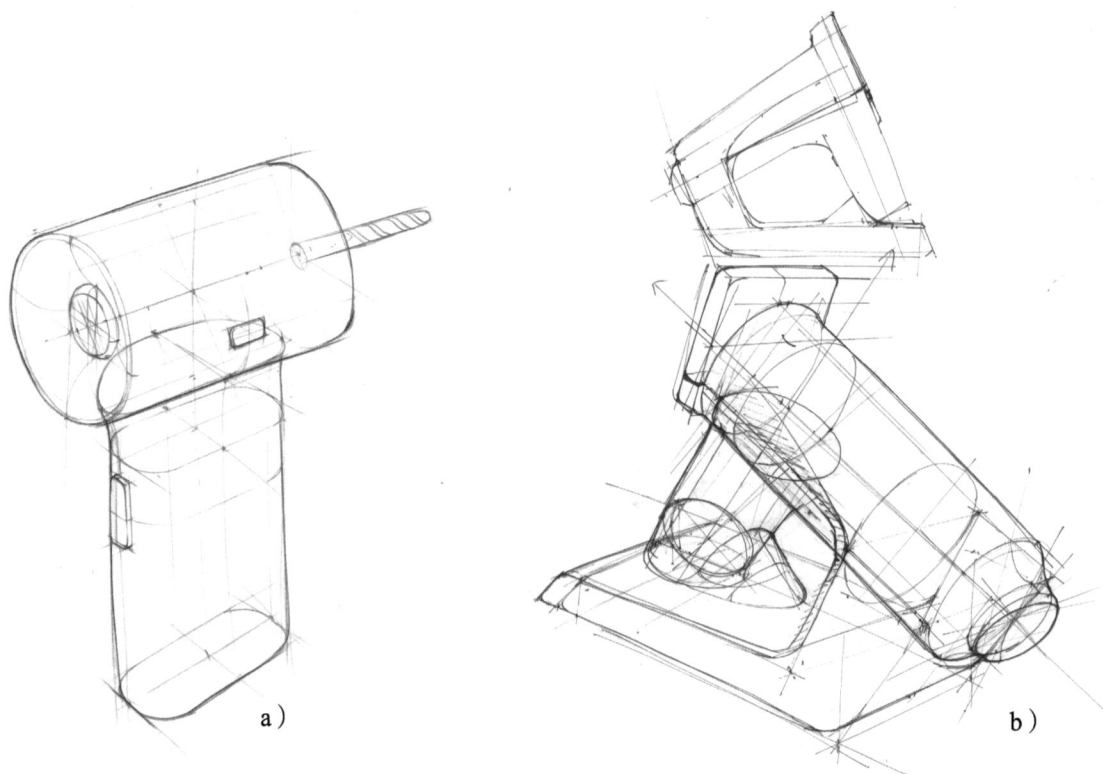

a）

b）

图 3-13 电钻

5. 图 3-14 是净水器整体手绘和分件爆炸图。在手绘设计表达的过程中，对产品的理解是非常重要的，只有设计师在自己充分理解的条件下，才能清晰地表达设计意图。

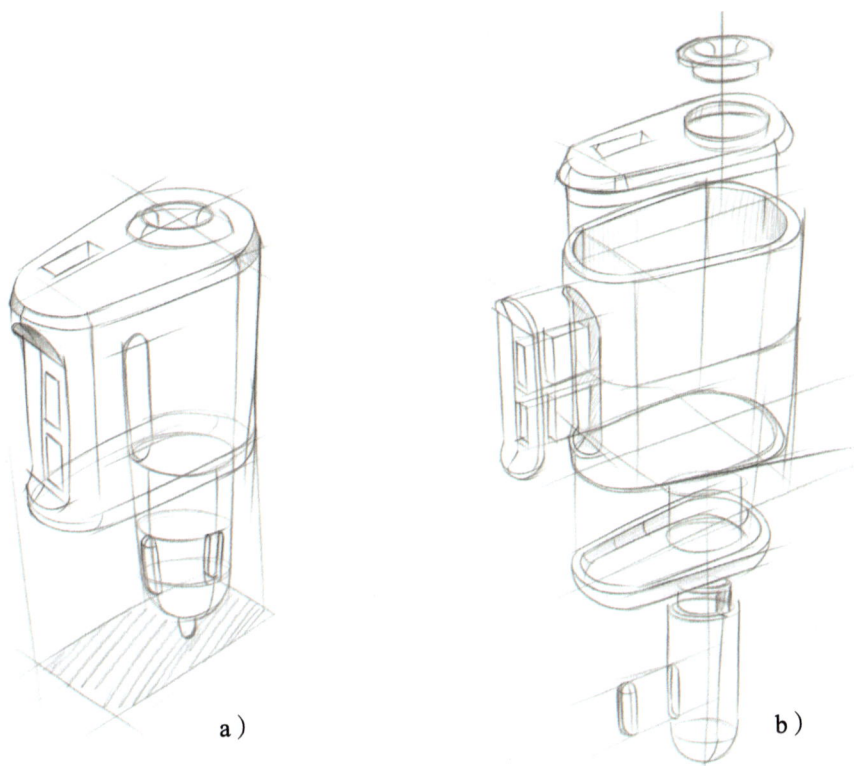

a）

b）

图 3-14　净水器整体手绘和分件爆炸图

练一练

任务三
几何切割形态构成的分析与绘制

任务引入

几何切割与几何叠加一样，是一种最基本、最常用的形态学构成手法，但几何切割的流程比几何叠加要复杂一些，因为它是借由切割某些部分去改变物体形状，以突显或表达物体的面貌。碎纸机的设计就是一个很典型的几何切割构成案例，被删减的区域刚好是功能区，在视觉和触觉上都具有很好的识别性。另外，我们也常将几何叠加与切割组合在一起使用，通过重复叠加、切割的流程多次修改外观，达到脑海中想要的样子。只要基本内部结构确定，就可以针对外观进行来回修改、处理和塑造变形，这也是三维建模的基本原理（图 3-15a）。

视频 3-7 展示了几何切割形态构成。

视频 3-8 讲解了几何切割构造中力学设计的相关问题，例如通过将圆非规整性的切割（图 3-15b），可以得到更具有力量感的效果。我们把这种更具方向性的力量感称作设计力学的表现，设计力学在视觉上能给人带来使用方向的引导，设计师通过推敲可以将造型往主动力或主受力方向引导，并形成视觉锤，即视觉中心点。这种手法经常被用于交通工具和电动工具设计的场景中。让我们跟着视频 3-8 看看从一段线条开始，通过设计力学演变成一个电动工具的设计过程。

视频 3-9 给出了几何切割路由器的案例画法（图 3-15c），主要结合了几何切割的构成手法和产品的分件设计画法进行了详细讲解。从主视图到三维视图，再到产品的分型和拆件，最后进行细节推敲，让我们跟着视频 3-9 一起看看具体

视频 3-7
几何切割形态构成

的设计和表现过程：在画面中间位置将路由器透视线画出来（起稿的时候尽量画大一些，线要轻轻地画），将预期中的比例表达出来；随后把大形勾勒出来展现基本形态；通过对拔模角度的分析将分型线绘制出来；接着对路由器的细节进行推敲特写，并完成辅助视图和分件爆炸图的绘制。注意，在画长线的时候，手臂要尽量放松；在画分件的时候，要避免倒拔模的情况。

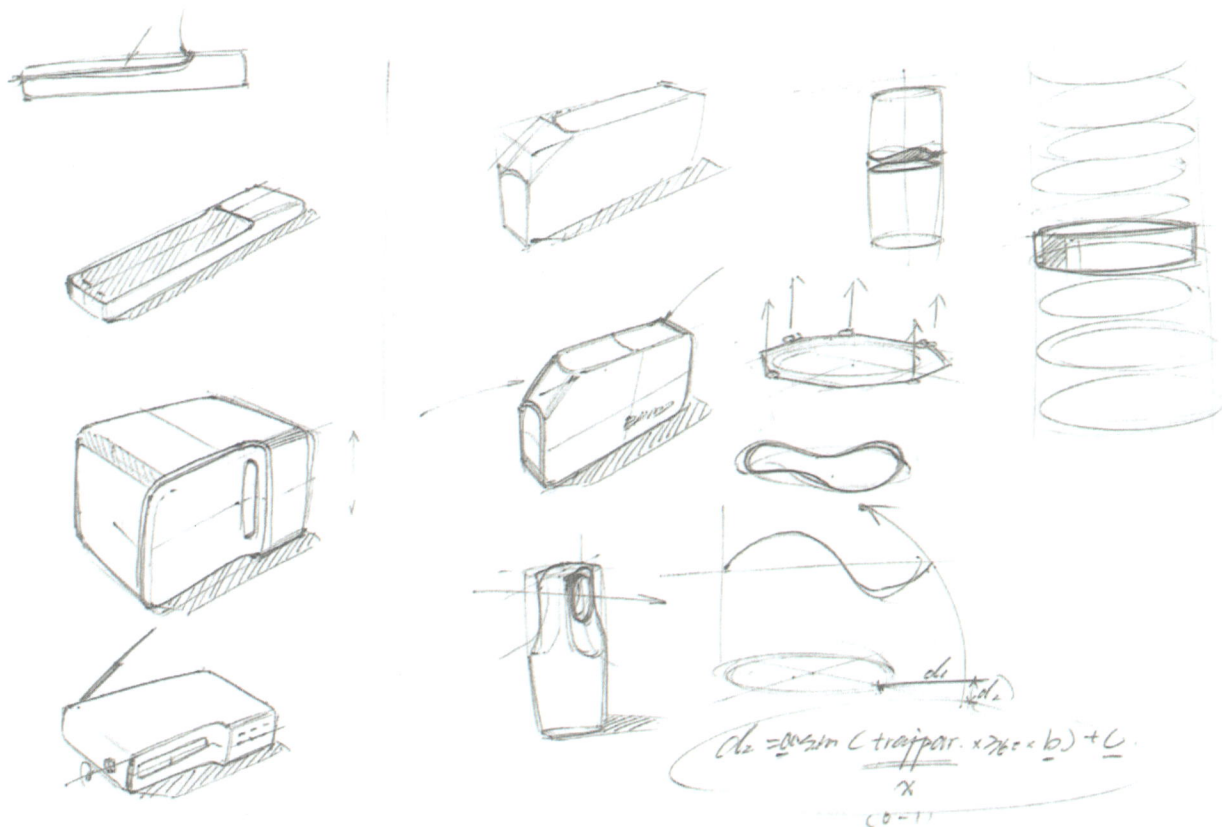

a）

图 3-15　几何切割形态构成

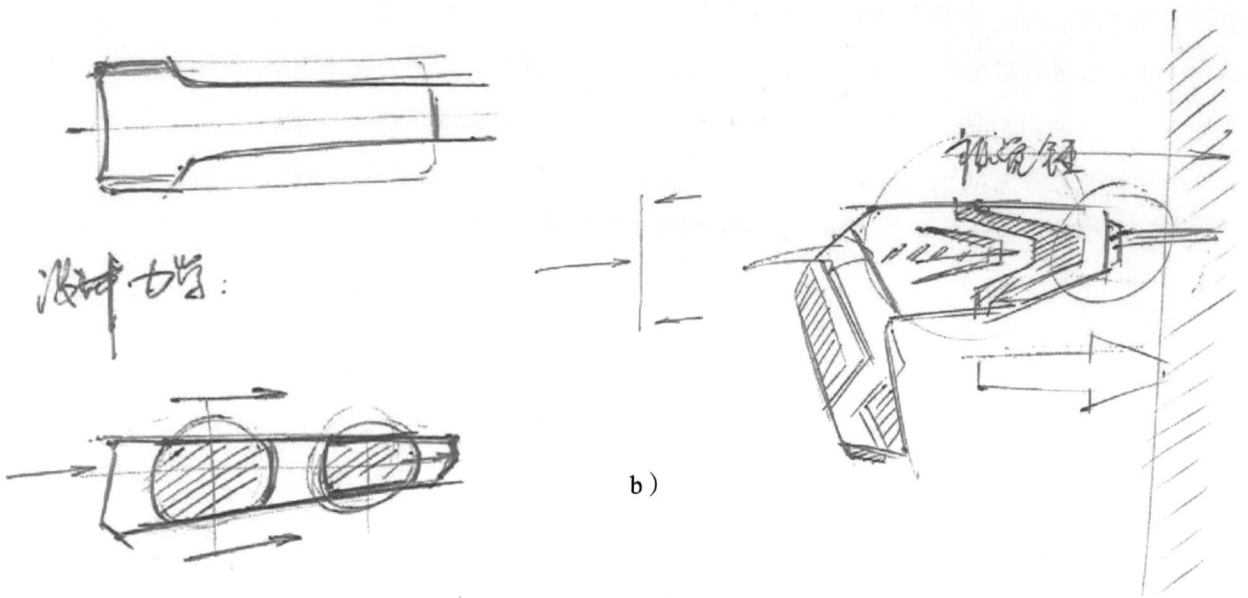

b）

视频 3-8
几何切割中的设计力学

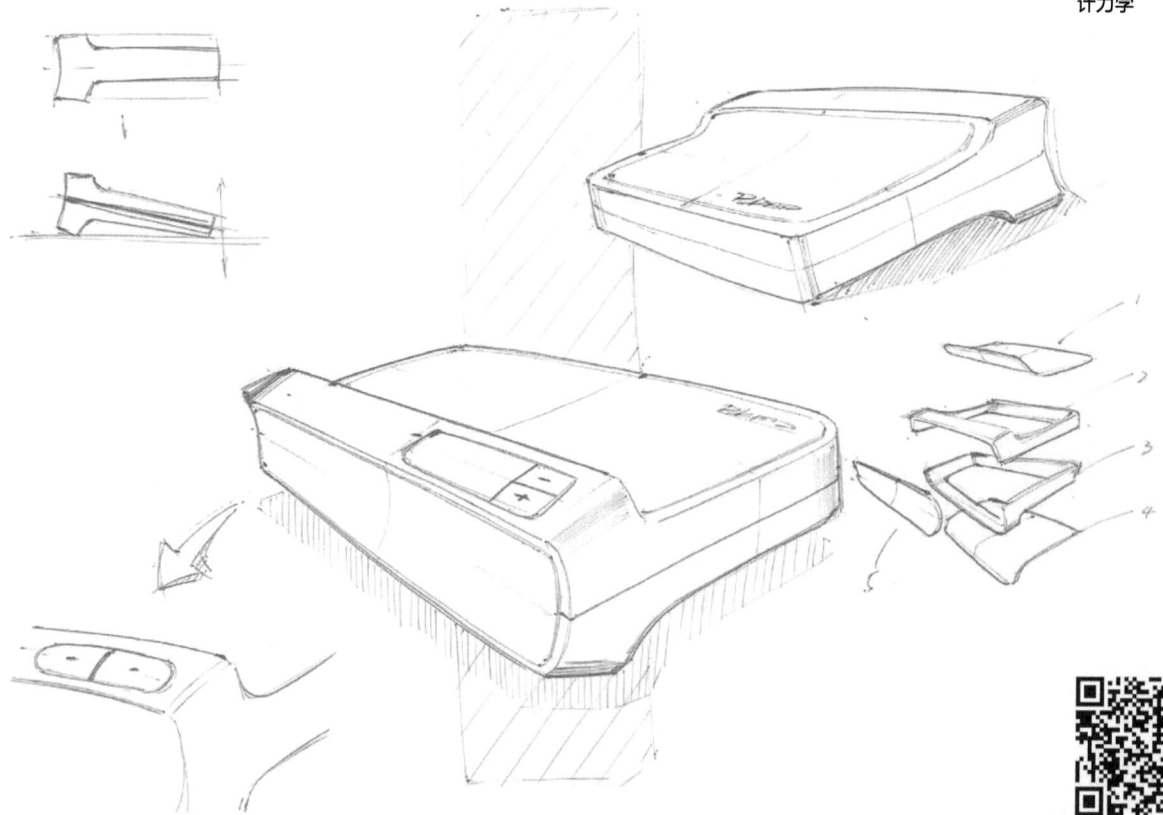

c）

图 3-15 几何切割形态构成（续）

视频 3-9
几何切割：路由
器案例

任务描述

准备好 A4 纸以及勾线笔，绘制几何体，通过学习将其进行组合切割构成，最终完成设计并绘制相对应的产品。

任务实施

扫描二维码，跟随视频 3-10，完成任务。

视频 3-10
几何切割形态构成

步骤 01　绘制产品侧视基本形态（图 3-16）

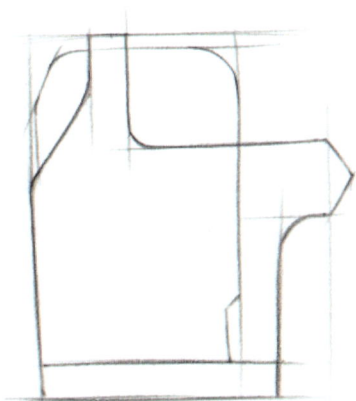

图 3-16　侧视图

步骤 02　绘制立体视图（图 3-17）

图 3-17　立体视图

步骤 03　绘制另一视角的产品视图（图 3-18）

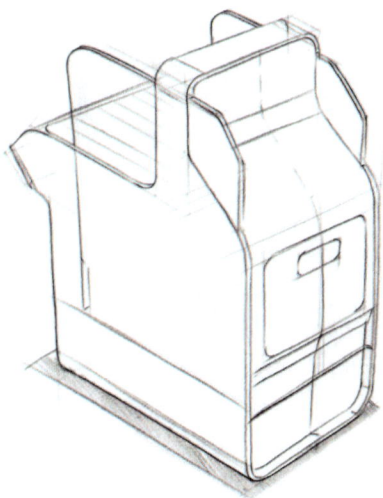

图 3-18　其他角度视图

步骤 **04** 绘制产品细节图（图 3-19）

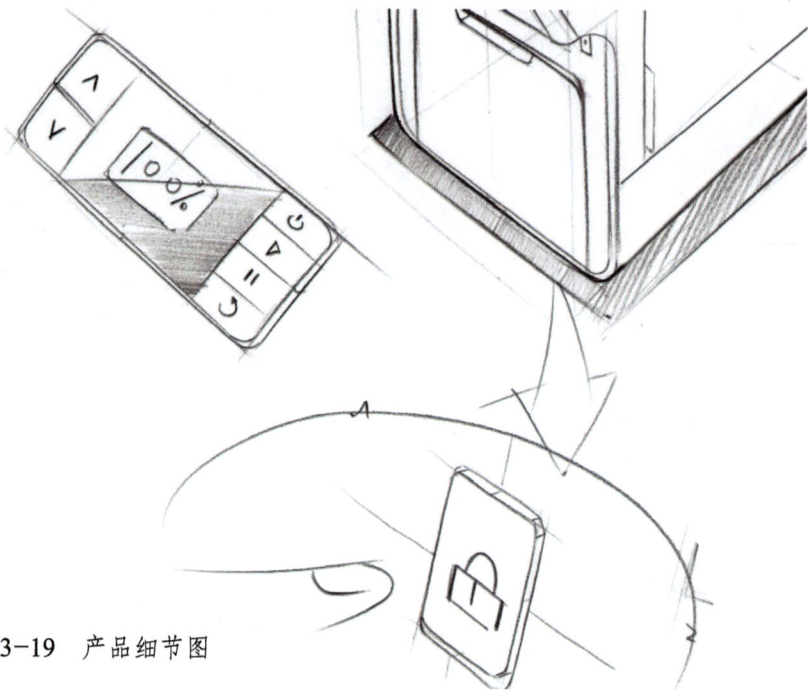

图 3-19　产品细节图

步骤 **05** 整合视图，画出最终效果（图 3-20）

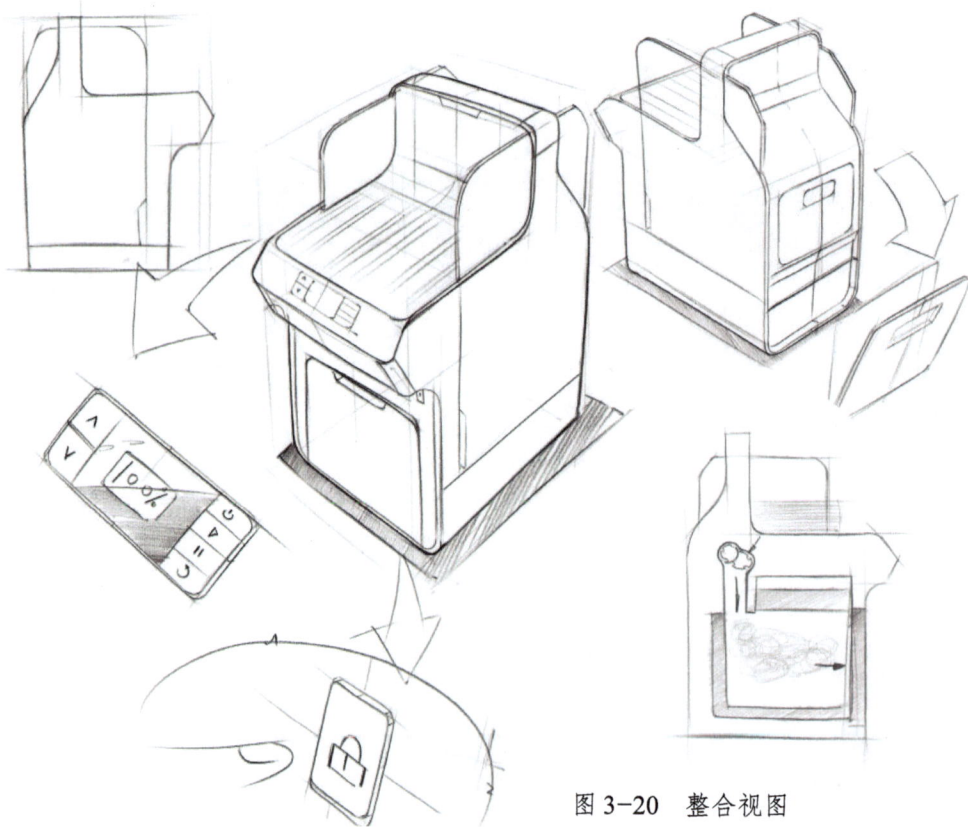

图 3-20　整合视图

Tips

切割区域要与功能产生联系，通过调整长宽比例，同一种构成手法可用于不同的功能产品。

拓展练习

了解设计力学相关知识并按步骤完成以下练习。

（1）从矩形中切出产品的侧视图。

（2）明确力学引导方向，塑造视觉锤（视觉中心点）。

（3）不断强化方向特征，完善产品细节。

练一练

项目四

产品进阶形态构成的绘制

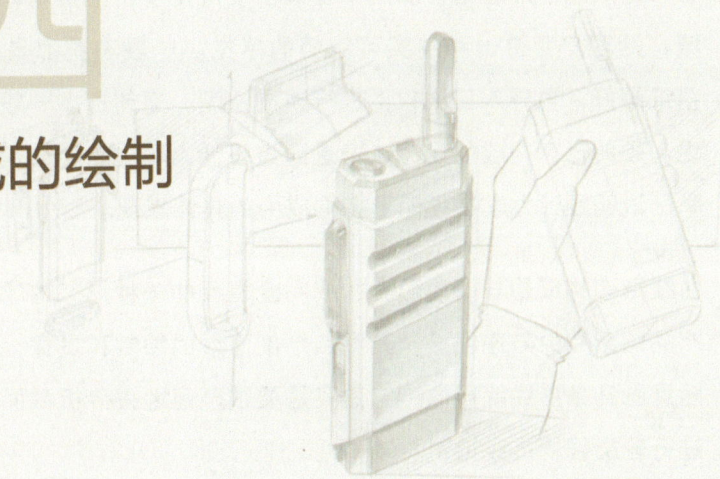

学习目标

理解并掌握产品进阶形态的构成思路。

掌握包裹形态、硬朗形态、曲线形态的构成方法。

技能目标

能运用包裹形态构成法设计并绘制产品。

能运用硬朗形态构成法设计并绘制产品。

能运用曲线形态构成法设计并绘制产品。

素质目标

通过不同类型构成设计的学习，培养审美素养和创新能力，灵活运用到设计中去。

项目引入

在我们学习基本体、几何叠加与几何切割的构成方法后，项目四会在之前的基础上进行延伸和进阶，内容上由三个学习任务组成：包裹形态构成、硬朗形态构成和曲线形态构成。

包裹形态构成更加偏向于现代设计之后的美学范畴，它往往是运用片材通过全包、半包或者裸露包裹的形式来体现产品的形态，这种手法在展现整体与细节的对比上非常有优势，是近几年 3C 家电类产品市场上非常普遍的一种设计手法。

视频 4-1
项目四导航

硬朗形态构成是一种通过对块或面的切割或拆分,塑造出来的一种具有力量感和结实感的形态语言。这个基调主要应用于工业类电动工具和交通工具领域,给客户营造一种结实可信赖的感觉。一般来说都是先把三视图的二维图纸画好,再导入三维软件进行逆向造型,原创造型一般都要先靠手绘去体现。硬朗形态构成的设计诀窍是通过设计力学去贯穿与运用,本项目会着重举例说明设计力学在硬朗形态构成中的具体表现。

曲线形态构成是与硬朗形态构成完全相反的一种形态构成法,它要体现的是产品的亲和力与速度感,其重点是剖面线的绘制和贯穿,因为曲线构成不是随意画几条曲线就行的,它其实是要很严谨地去分析截面,定义形体走势来进行轮廓线的贯穿绘制。

总的来说,产品的表现语言是丰富多样的,我们在此只是抛砖引玉,希望在项目三和项目四介绍六种构成手法的基础上,学习者能融会贯通画出自己的设计语言。

任务一
包裹形态构成的产品绘制

任务引入

包裹形态是本项目要学习的第一种进阶形态，与项目三的几何叠加与切割构成一样，包裹形态也是从基本体开始的，在基本体的基础上以半包、全包、裸露包裹的方式去表达视觉形态，使产品具有一种被包裹或被环抱的设计语义。具体的流程根据产品功能和外观风格，其手法是可以千变万化的（图 4-1）。

视频 4-2
包裹形态

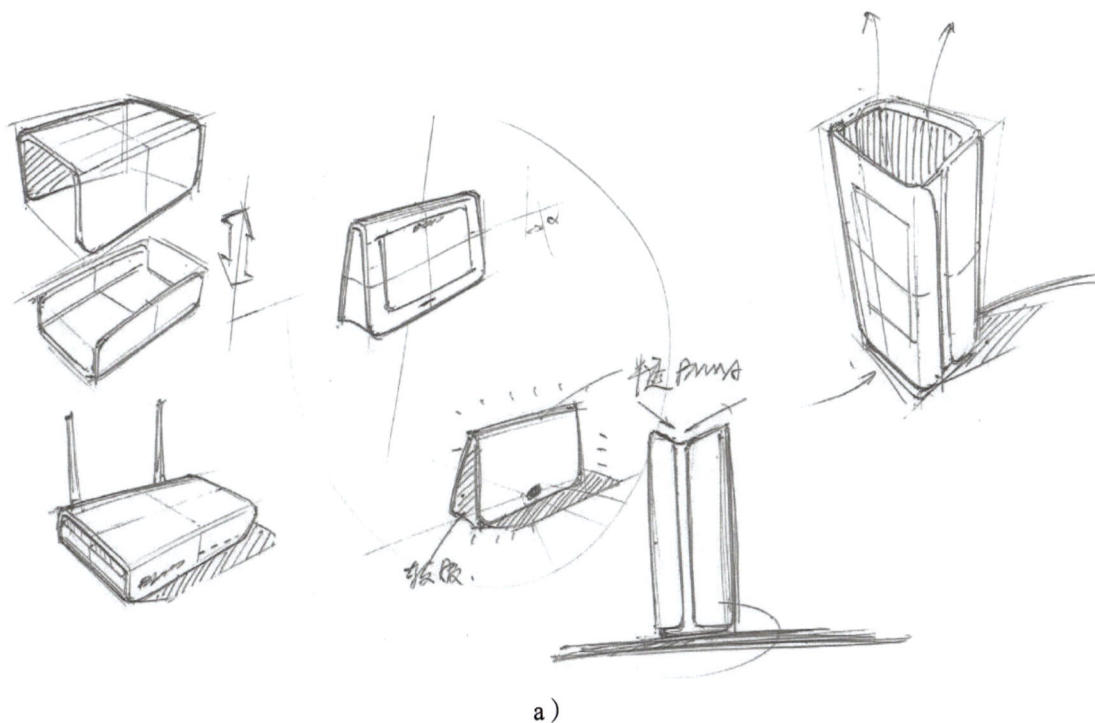

视频 4-2 展示了包裹形态的绘制过程。

a）

图 4-1　包裹形态构成

b）

图 4-1　包裹形态构成（续）

任务描述

选择一个基本几何体，根据产品种类，通过分析部件的结构，以包裹形态来绘制产品大形，再根据具体功能确定产品功能区或操作区，最后绘制产品细节。

任务实施

扫描二维码，跟随视频 4-3，学习包裹形态构成在挂号机上的运用，完成一款包裹风格产品的绘制。

视频 4-3
包裹形态构成

分析包裹构成的产品组成部件及包裹方向。画出能展现产品外观特征的侧视图。先抛开透视，确定好产品整体的形态与比例（图4-2）

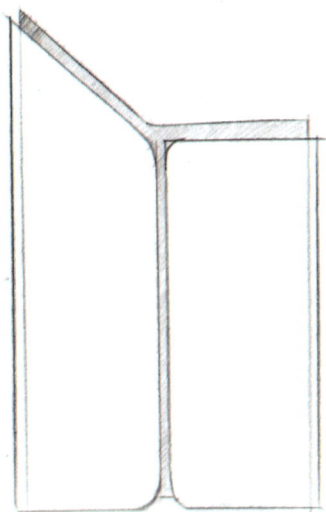

图4-2 侧视图

步骤03 从内部着手

接下来画出里面被包裹的部分，丰富产品的层次感（图4-4）

图4-4 丰富层次结构

步骤02 从整体着手

按照步骤01中的比例关系，画出能展示产品三个面的立体视图大形（图4-3）

图4-3 立体视图

步骤04 优化内容

添加产品功能部件、细节和投影（图4-5）

图4-5 添加产品功能部件、细节和投影

1. 绘制一个以包裹形态为设计语言的小产品。

2. 图 4-6 是以包裹形态为特征的空气净化器，可以从里层主体往外面出包裹的部分，也可以从外侧的包裹部分往里面，外侧的包裹层刚好是出风口的功能区，这样就将形式与功能统一起来了。

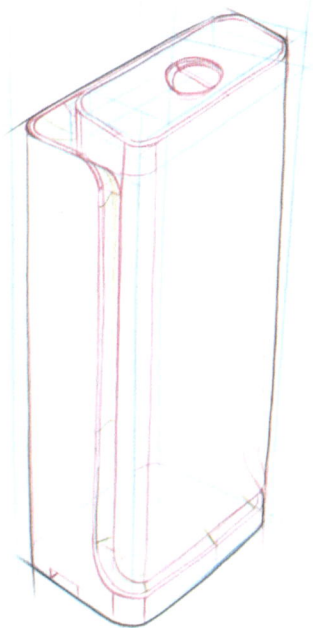

图 4-6　空气净化器

任务二
硬朗形态构成的产品绘制

任务引入

硬朗风格是具有力量感和结实感的形态语言，主要应用于设备类与工具类领域，其特点是用硬朗的线条对块或面进行切割或拆分，其中对块或面之间比例关系的把握非常重要，本任务引用了设计力学来对块或面的划分进行理论与案例指导，希望学习者在切分对象时能够有所依据与参照（图4-7）。在具体的设计步骤当中，一般都会先把产品三视图的手绘草图画好，再导入三维软件进行逆向造型（原创造型一般都要先靠手绘去体现，确定好比例关系再进行建模）。

视频4-4展示了硬朗风格的绘制过程。

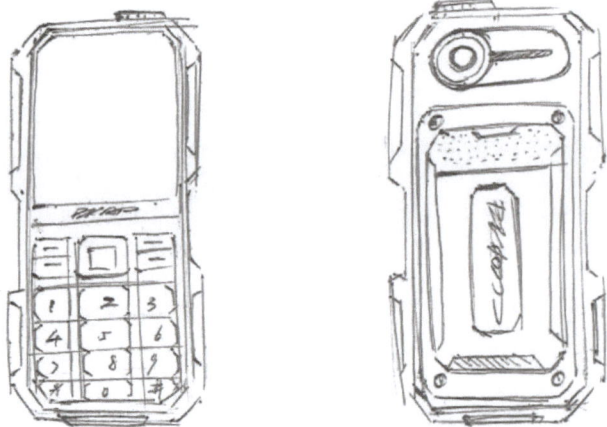

视频4-4
硬朗风格

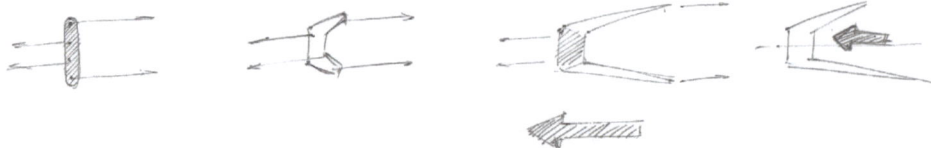

a）

图4-7 硬朗风格形态构成

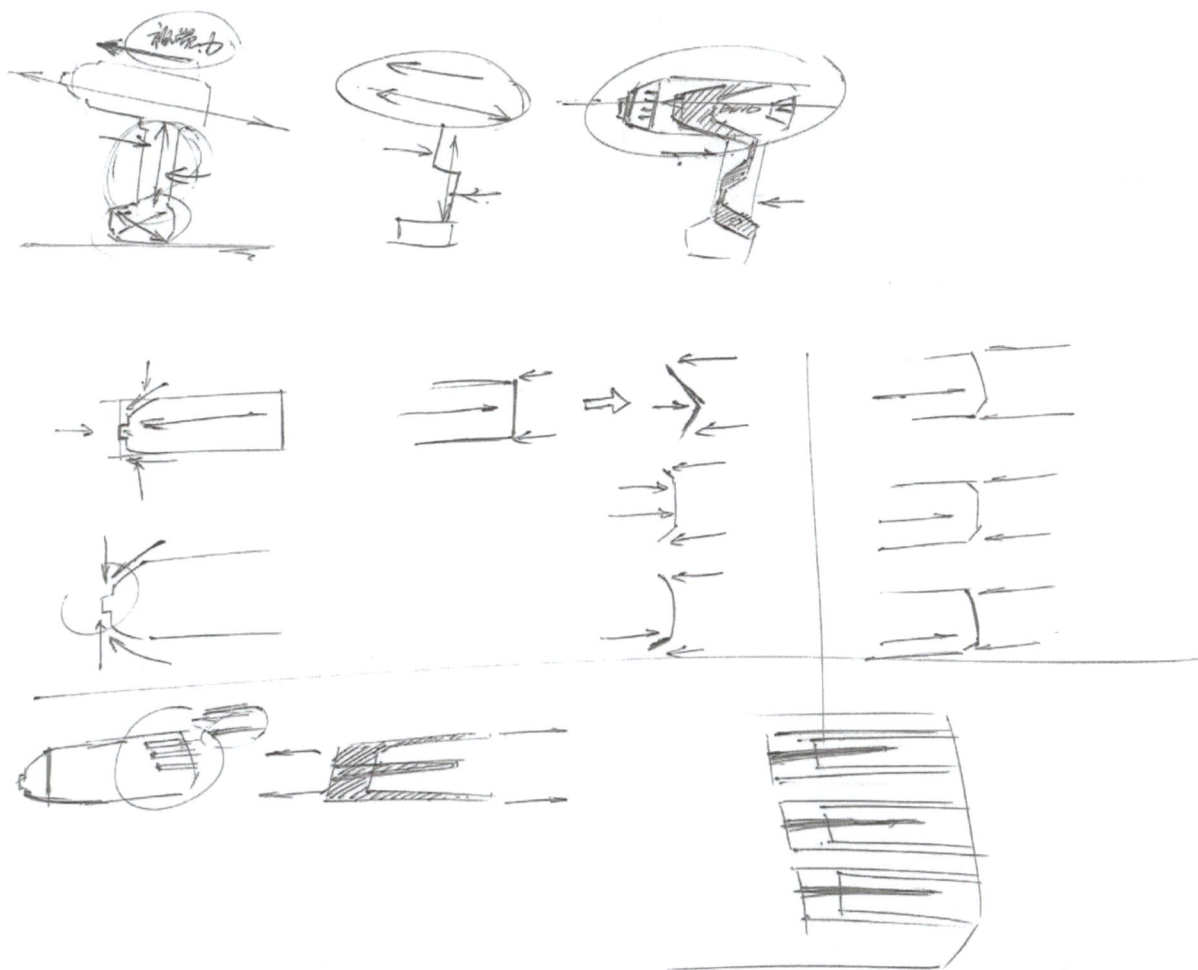

b）

图 4-7　硬朗风格形态构成（续）

Tips

硬朗形态的设计诀窍是通过设计力学的贯穿与运用。

任务描述

运用设计力学的原理，分析电动工具的力学走势，通过推理、想象将其过程进行视觉化的记录，然后根据功能添加细节，最后完善造型。

任务实施

以图 4-11 为例，扫描二维码，跟随视频 4-5，尝试绘制一款手持式电钻。

视频 4-5
硬朗形态构成

将它的材料想象成柔软且具有可塑性，可随意拉伸。将之固定在四个对称的支点，并将边缘的两个支点往后拉，将中间的两个支点往前拉，如图 4-8a 所示。将这个形体通过想象进行一定的延伸和形变，如图 4-8b 所示。

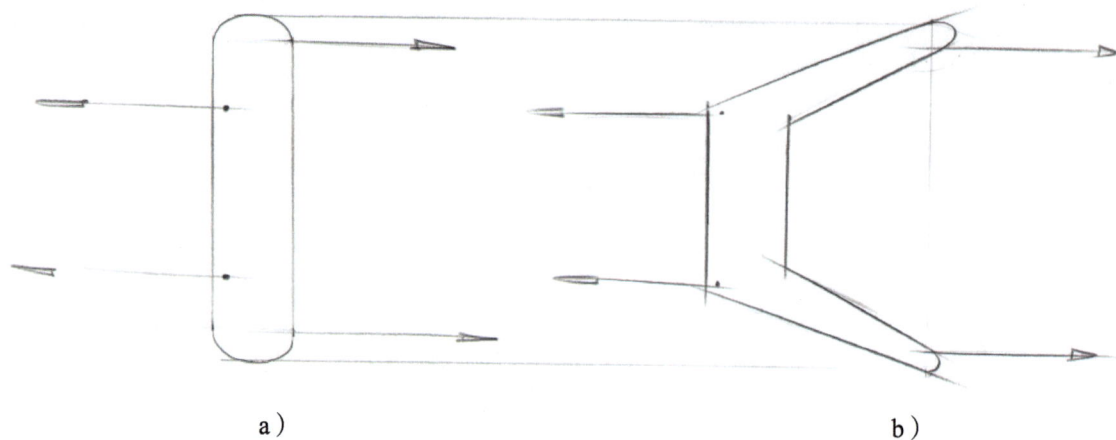

a） b）

图 4-8 基本体

基于上图的形态继续想象。将中间两个支点固定，将边缘的两个支点继续往后拉，因为力的因素，两边的形态会越拉越长，越拉越瘦。这就是一个静态的物体在力学拉伸下产生形变的过程，这样的形态就具有了一种力量感与方向感，如图 4-9a 所示。当我们赋予每个支点不同的拉伸力度时就会得到不同的形态，如图 4-9b 所示。

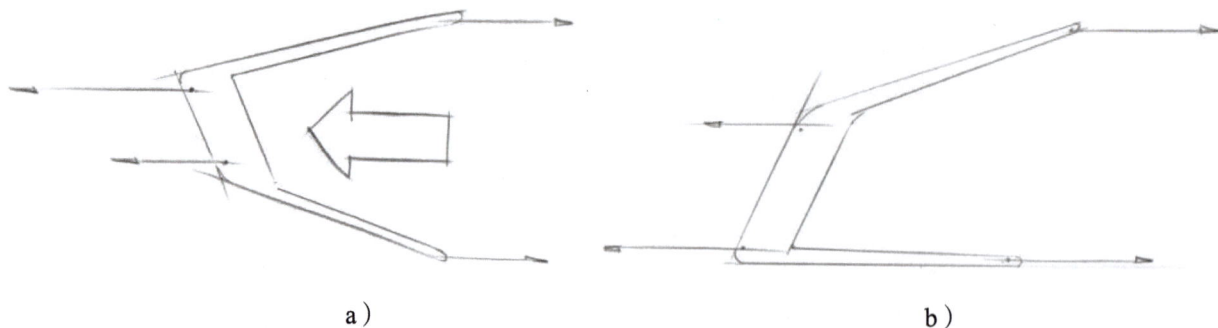

a） b）

图 4-9 形态拓展

步骤 03　绘制手持电钻的侧视轮廓图（图4-10）

根据力学分析，进行手持电钻的块面区域划分，用统一的力学方向突出主工作区，用不同的力学方向弱化其他区域，从而营造主工作区的视觉焦点。

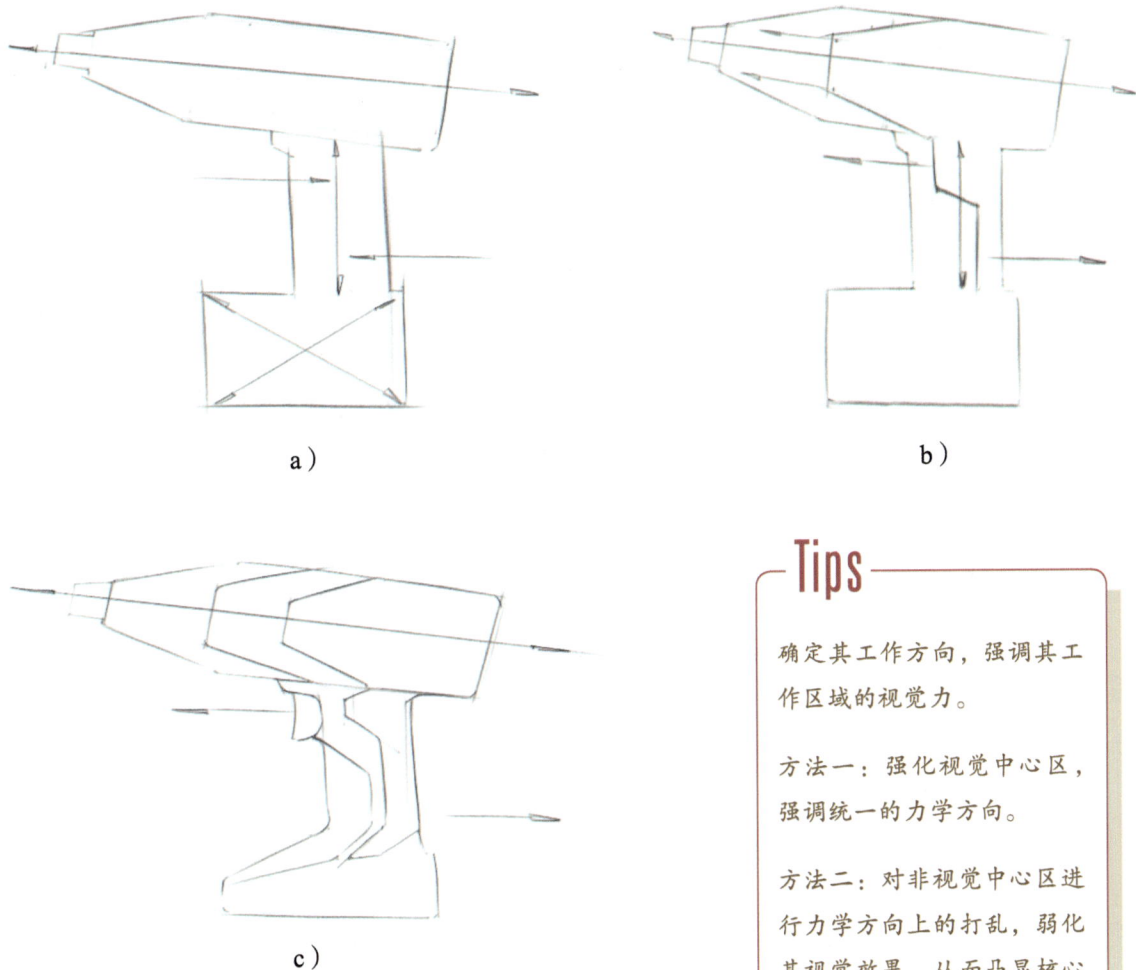

a）

b）

c）

图 4-10　侧视轮廓图及分析视觉力

> **Tips**
>
> 确定其工作方向，强调其工作区域的视觉力。
>
> 方法一：强化视觉中心区，强调统一的力学方向。
>
> 方法二：对非视觉中心区进行力学方向上的打乱，弱化其视觉效果，从而凸显核心区域的视觉力度。

步骤 04　绘制功能区和细节

根据此力学特征，绘制其他功能区和细节部分（图4-11）。

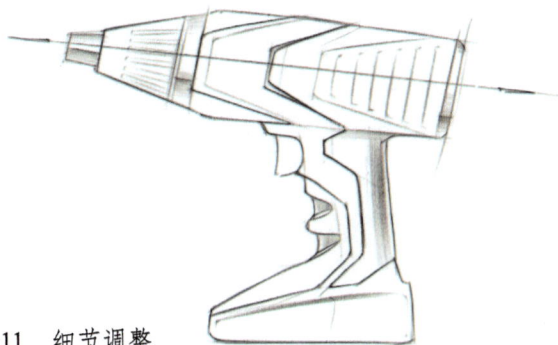

图 4-11　细节调整

绘制一个以硬朗形态为设计语言的小产品。

任务三
曲线形态构成的分析与绘制

任务引入

曲线形态构成是与硬朗形态构成完全相反的一种形态构成法，它要体现的是产品的亲和力或速度感，重点是剖面线的贯穿和绘制。曲线构成绝不是随意画几条曲线就可以的，它其实是要很严谨地去分析截面和定义形体走势来进行轮廓线的贯穿绘制，只有这样做才能画出富有张力和经得起逻辑推敲的形态（图 4-12）。

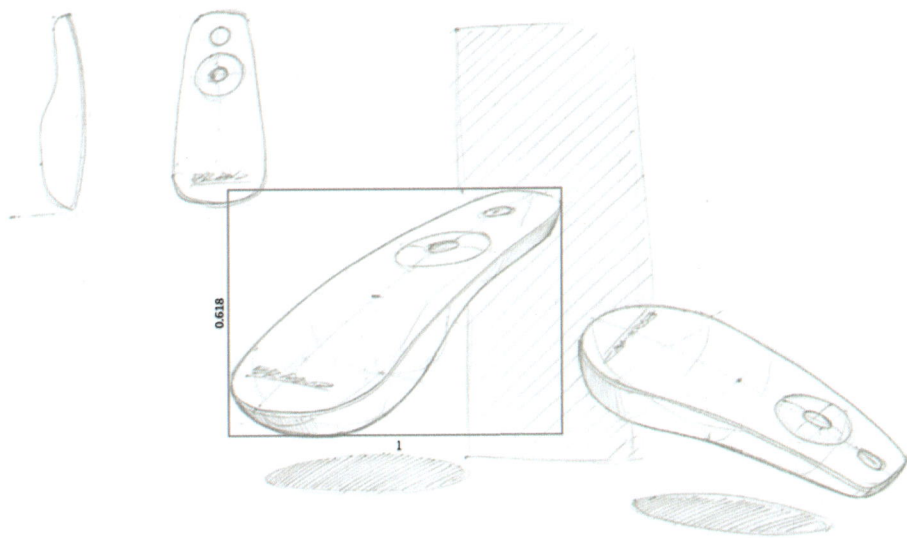

图 4-12　曲线形态构成

任务描述

分析遥控器的比例关系，通过推理、想象将其过程进行视觉化的记录，从中理解曲线构成，体现产品亲和力，然后根据功能添加细节，最后完善造型。

任务实施

准备好 A4 纸以及勾线笔，跟随视频 4-6，绘制遥控器。

视频 4-6
曲线形态构成

步骤 01　确定视图比例关系

抛开透视更容易定义比例关系，所以可先绘制遥控器的正视图与侧视图（图 4-13）。

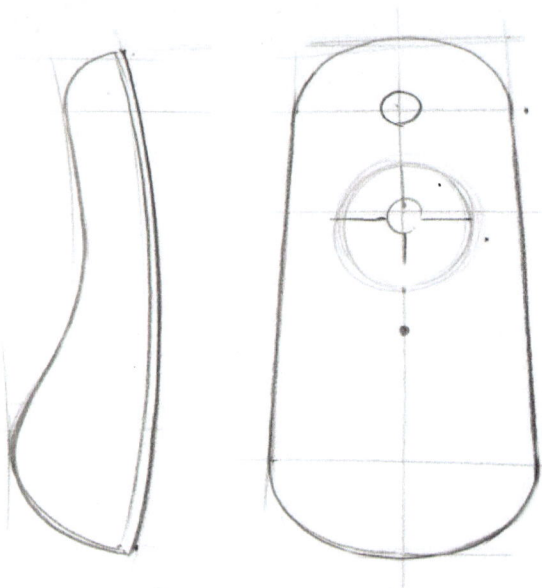

图 4-13　正视图与侧视图

步骤 02　根据视图绘制中轴线和截面线

正式绘制时，先轻轻画出带透视的中轴线和截面线，用定点法将步骤 01 中确定的比例投射到此立体图的绘制中来（图 4-14）。

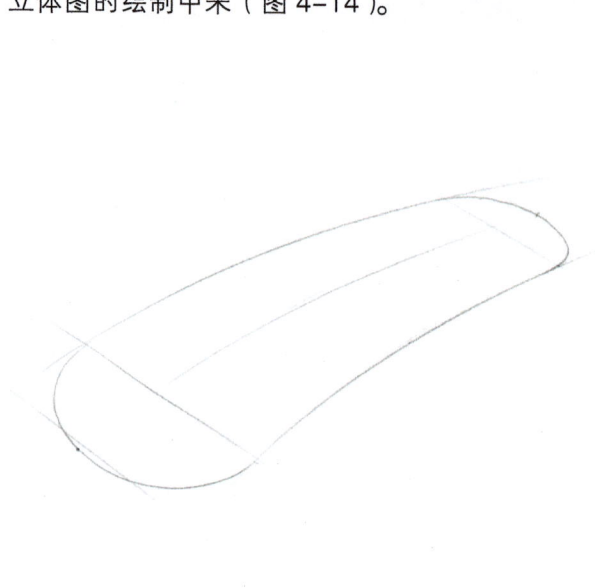

图 4-14　中轴线和截面线

步骤 03　分析走势

分析遥控器的曲面走势，绘制曲面转折处的形体截面（图 4-15）。

图 4-15　形体截面

步骤 04　分析形态

分析遥控器的曲面形态，通过辅助线，从中间开始绘制截面形态（图 4-16）。

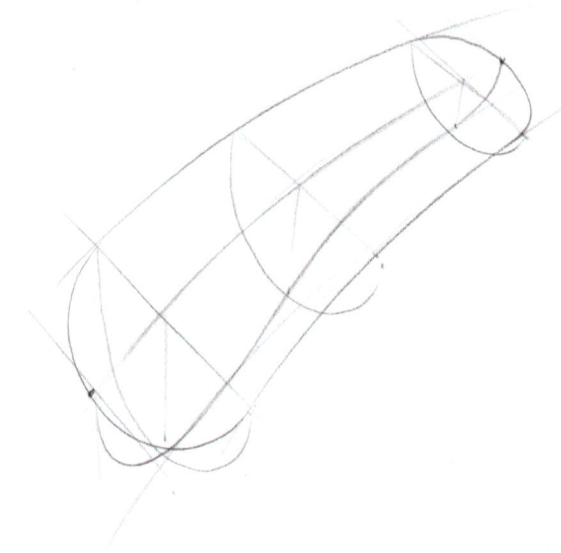

图 4-16　截面形态

连接各个截面，绘制遥控器的曲面轮廓。连接各个截面，用流畅的曲线轻轻绘制产品轮廓线，确定后再加重轮廓线的绘制（图 4-17）。

绘制遥控器的界面按钮、边缘厚度、明暗转折和投影等细节（图 4-18）。

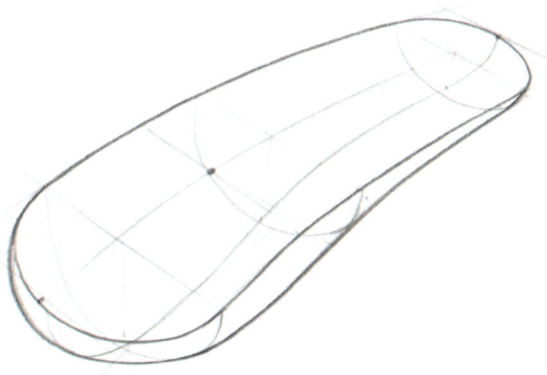

图 4-17　轮廓线加粗

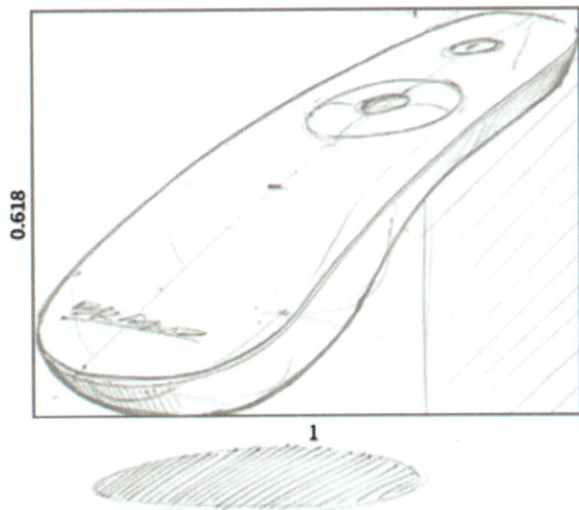

图 4-18　细节添加

步骤 07　多角度绘制

为了更好地表达产品的细节，可以从另一个角度再一次进行绘制，展示产品不同角度的外观特征，使观察者对此产品的外观信息有更加丰富的了解（图 4-19）。

Tips

曲线构成的应用范围比较广泛，通过很多不一样的场景可以丰富产品手绘造型。

图 4-19　其他角度的遥控器

拓展练习

1. 绘制一个以曲线形态为设计语言的小产品。

2. 加湿器绘制（图 4-20）。

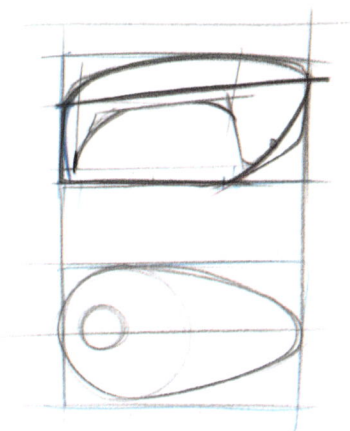

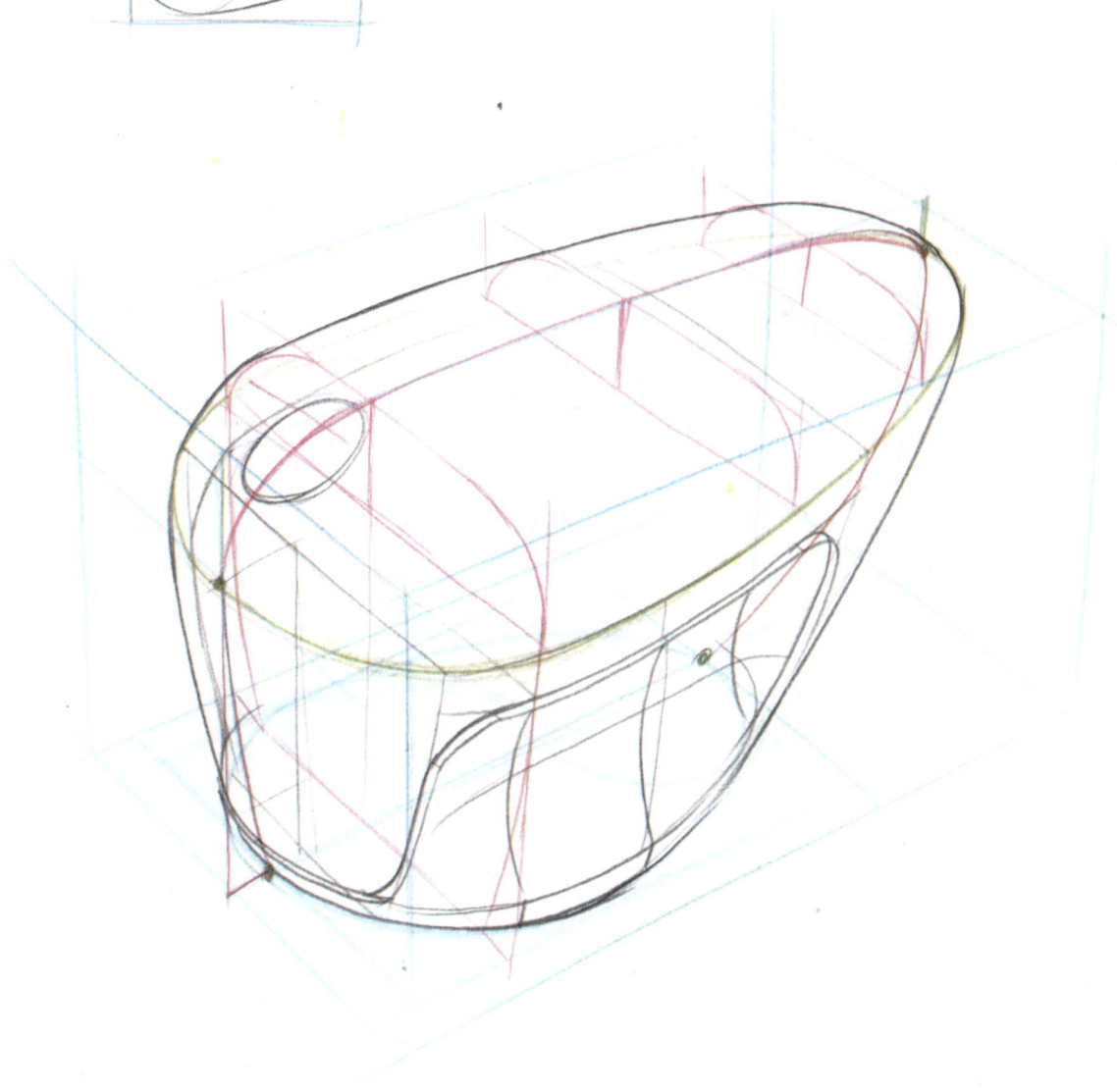

图 4-20　加湿器绘制

项目五

产品光影色彩与材质的绘制

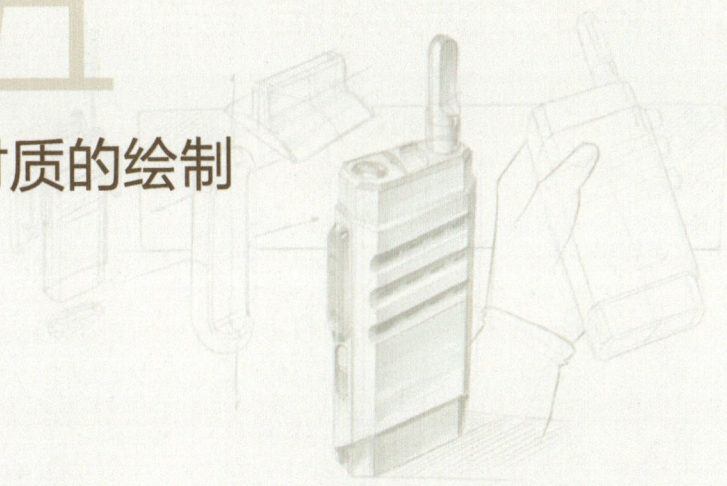

学习目标

理解并掌握产品表现的光影原理与投影画法。

技能目标

掌握马克笔与彩色铅笔的绘图技法。

掌握产品各种材质的具体表现方法。

素质目标

提升对产品色彩与材质的感知力。

提高对中国传统色的认知，色卡颜色搭配，不同材料的认知。

通过对色彩以及材质的学习，增强文化设计的自信。

项目引入

本项目会介绍关于产品色彩与材质的表现方法，以使我们的草图更加清楚地
解释和建立空间中的立体概念，利用阴影、明暗、材质，让人感觉产品的真
实性。设计师在草图绘制时可以有选择性地进行上色处理，不必追求层次丰
富的完美效果图展示，而应采用整体的大块面的铺色手法以尽可能快速地完
成上色过程。着色处理不仅仅是技术问题，它必须了解人类大脑在多种情境
和变化的光线环境下是如何解释颜色的，同时也必须突破二维表面的限制，
去了解光线在三维空间中是如何影响颜色和形状的。

任务一
几何体的光影明暗绘制

任务引入

产品手绘如果要获得立体和逼真的效果，就需要设计师在线稿的基础上加上明暗光影的对比。上色时，确定光线的位置非常重要，一个光源就已足够，光源多了，画面就容易混乱。一般情况下，将光源放在偏离垂直轴 30°～45° 角的位置，这个方向在照亮主要表面或平面时，会产生柔和的阴影。阴影对于我们理解空间中产品的形态而言非常重要，很多其他效果正因为阴影的存在才得以突显出来。阴影的出现代表有一个平面或表面存在于物体之下，同时也指示了光源的方向，因为物体遮住了光线，所以才会产生明暗现象，同时在地面上投射出阴影。阴影是多变的，着色处理也不只是为草图加上颜色，更重要的是为草图营造深度感。

任务描述

选择基本几何体作为绘制对象。分析光源并绘制出照射面（高光、亮面、过渡面）、转折面（明暗交界线）、背光面（暗面）、反光以及投影。

任务实施

扫描二维码，跟随视频 5-1、视频 5-2 和视频 5-3，完成球体光影绘制。

01 球体

步骤 01　绘制球体轮廓线（图 5-1）

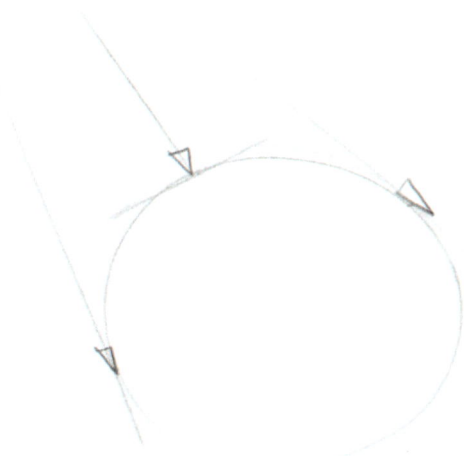

图 5-1　球体轮廓线

步骤 02　预设光源、分析确定照射面（亮面）
（图 5-2）

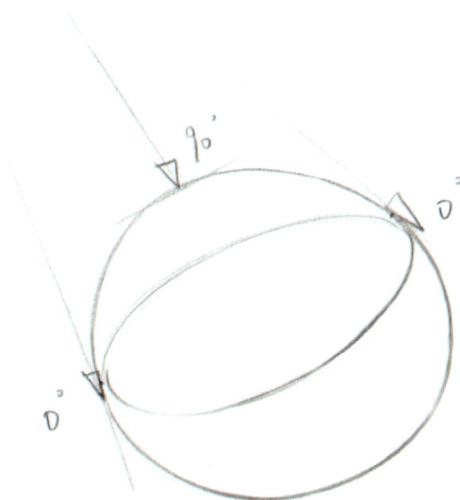

图 5-2　确定照射面

步骤 03　绘制球体亮面的高光和过渡面（灰面）、
转折面（明暗交界线）以及背光面（暗
面）（图 5-3）

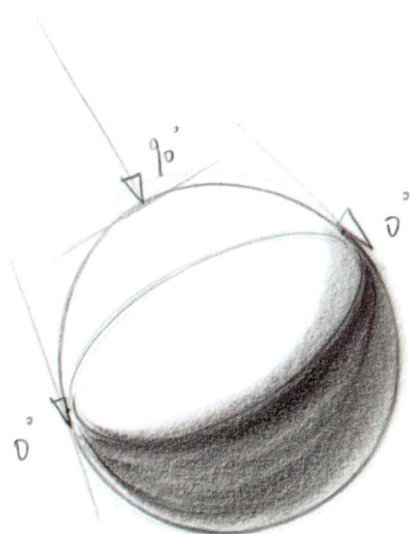

图 5-3　球面的区分

步骤 04　绘制球体的反光以及简化的投影
（图 5-4）
为了快速表达，过渡面（灰面）可
视情况省略。

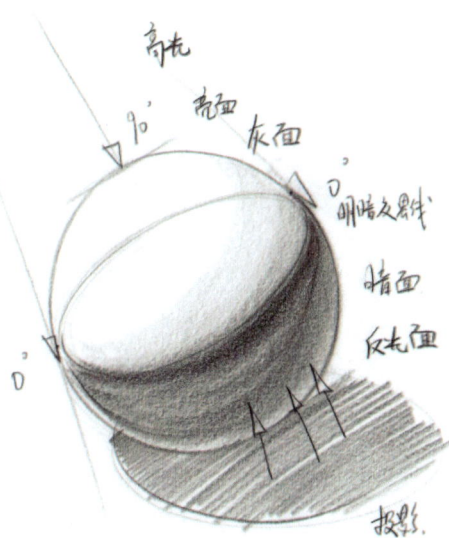

高光
亮面
灰面
明暗交界线
暗面
反光面
投影

图 5-4　球体投影

02 立方体

步骤 01 绘制立方体轮廓线（图 5-5）

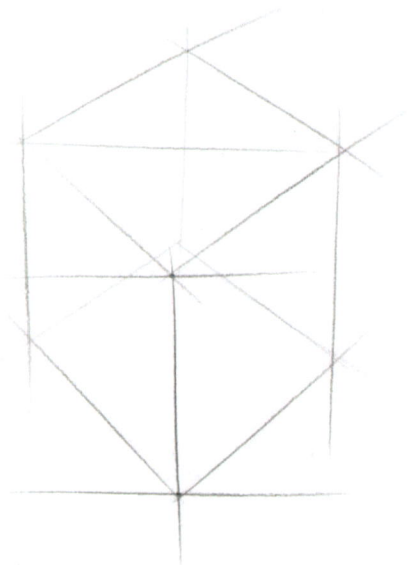

图 5-5 立方体轮廓线

步骤 02 预设光源、分析确定照射面（亮面）（图 5-6）

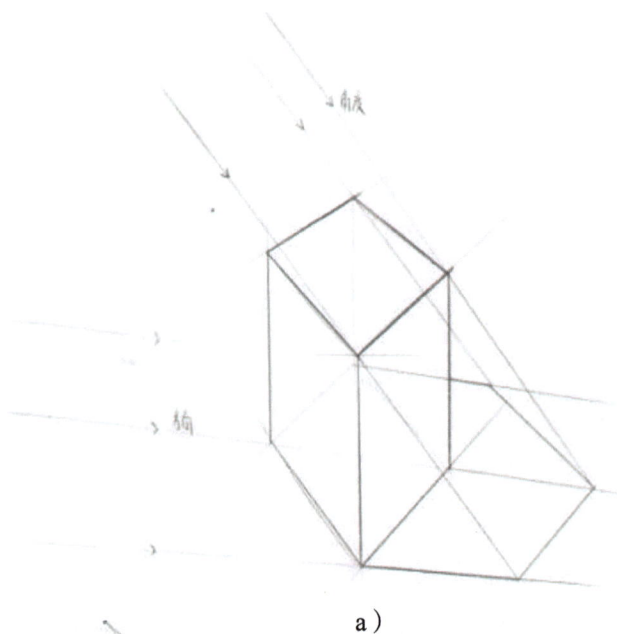

a）

b）

图 5-6 确定照射面

步骤 03 绘制立方体的转折面（明暗交界面）以及背光面（暗面）（图 5-7）

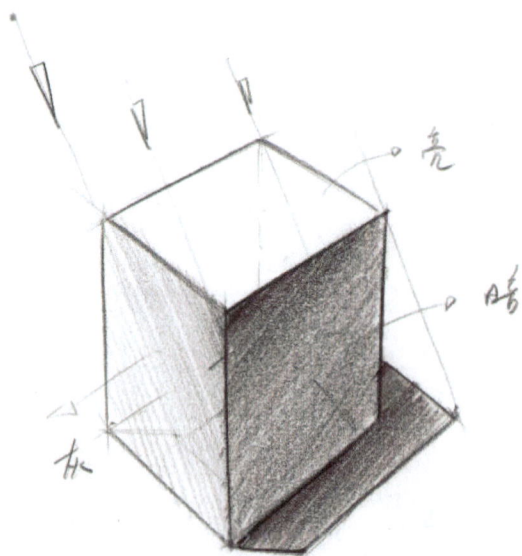

图 5-7 光影面区分

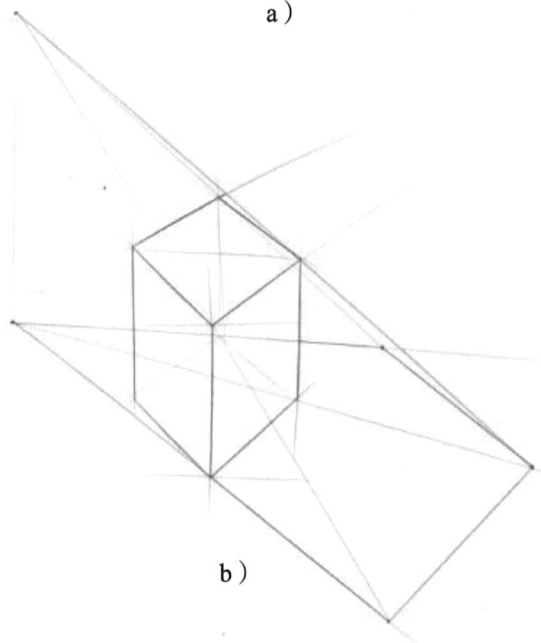

步骤 04　绘制立方体的反光、过渡面（灰面）以及简化的投影（图5-8）

为了快速表达，过渡面（灰面）可视情况省略。

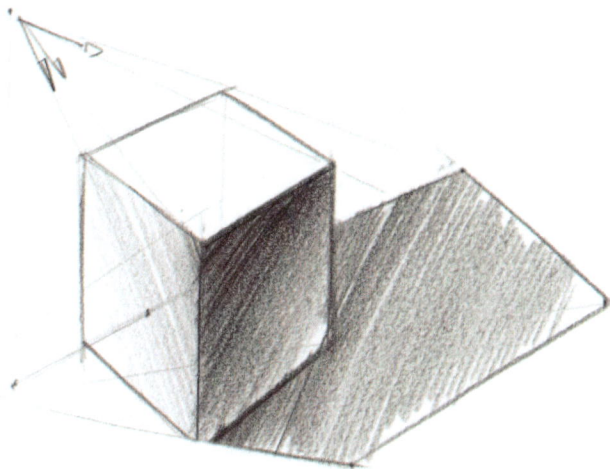

图 5-8　立方体投影

要注意区分平行光源与点光源之间不同的投影变化。点光源指的是从一个点向周围均匀发光的光源。平行光源又称方向光，是一组没有衰减的平行的光线，类似太阳光的效果。

03　圆柱体

视频 5-3
明暗圆柱

步骤 01　绘制圆柱体轮廓线（图5-9）

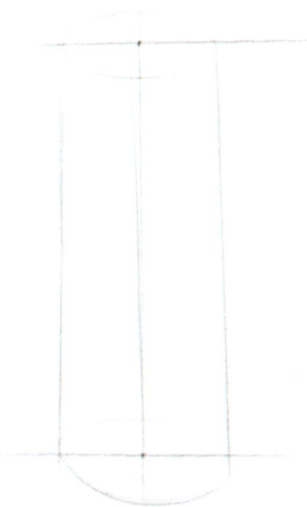

图 5-9　圆柱体轮廓线

步骤 02　预设光源、分析确定照射面（亮面）（图 5-10）

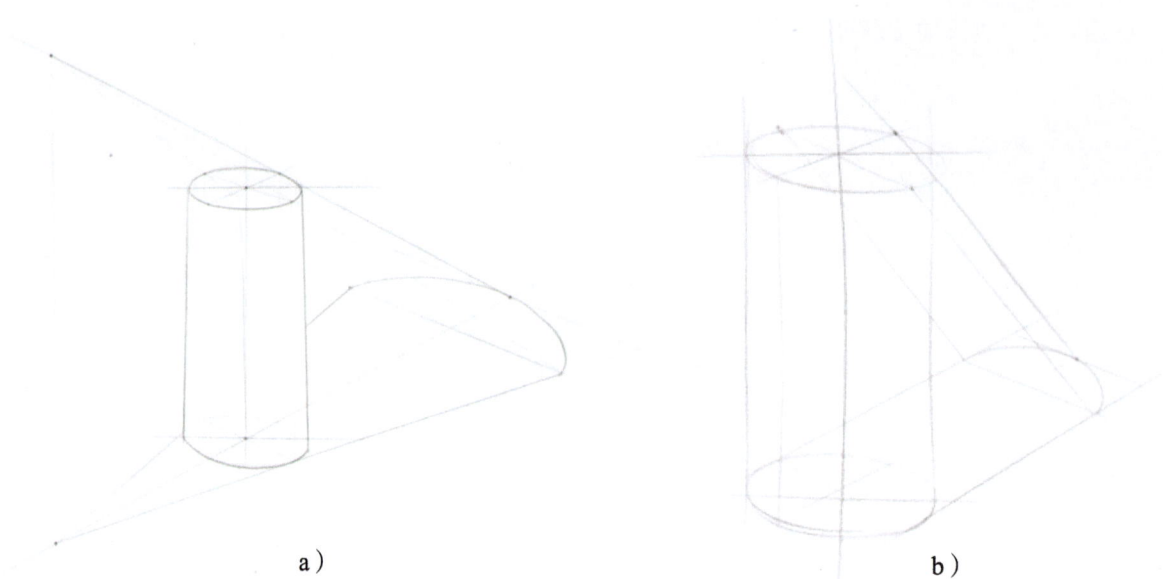

a）

b）

图 5-10　确定照射面

步骤 03　绘制圆柱体的转折面（明暗交界线）、过渡面（灰面）以及背光面（暗面）（图 5-11）

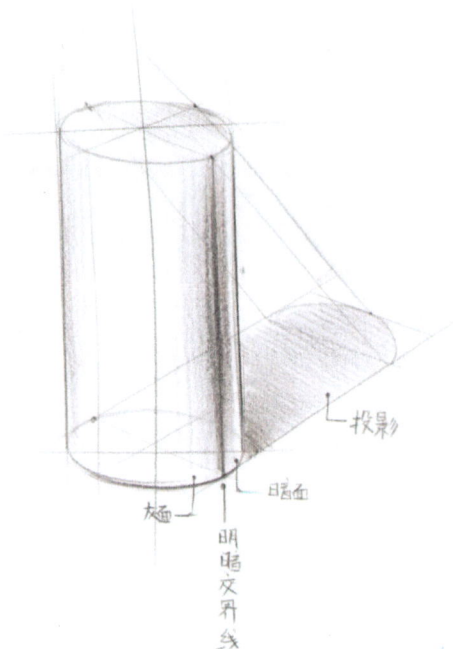

图 5-11　光影面区分

步骤 04　绘制投影

加深明暗交界线和暗面衬托出立方体的反光，最后绘制投影（图 5-12）。为了快速表达，过渡面（灰面）可视情况省略。

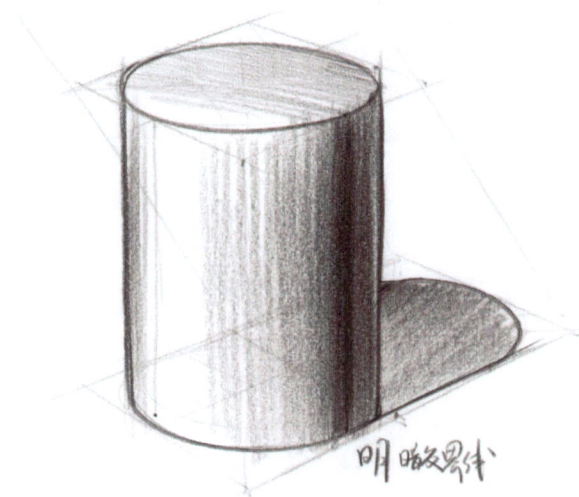

图 5-12　圆柱体投影

绘制立方体、球体和圆柱体的投影。

任务二
几何体的着色绘制

任务引入

产品着色需要用到专门的着色工具。在计算机技术普及的今天，产品手绘的着色经常会用计算机软件来完成，这样能够更加方便进行多种不同配色的比较，但在初期的草绘阶段，我们借助手绘工具可以更快速地获得直观效果，方便设计师个人和团队内部的方案确定，同时，学习手绘工具着色也会夯实后期计算机软件运用的基础。所以，在本次任务中，我们化繁为简，重点介绍手绘着色工具——彩铅和马克笔的绘制技巧。

彩铅的绘制

彩色铅笔简称彩铅，是手绘中经常使用的起稿与上色工具，它的质感比一般的铅笔软一点，可以画出不同深浅和粗细程度的线条，是一种容易上手且表现细腻的绘图工具。手绘时一般采用水溶性彩铅，其中深蓝色和黑色常被设计师用来起稿和排线。本次任务中我们会从彩铅的绘图层次、排线、注意事项和具体用法四个方面来介绍彩铅的基本使用技法。

马克笔的绘制

设计师一般选择酒精性马克笔来进行手绘草图的绘制，这种马克笔能让色彩的叠加和融合更加自然，并且环保无毒。初期，我们可以把马克笔分成灰色系和彩色系来进行次第学习。灰色系常用的有冷灰（CG）和暖灰（WG），分别用01~09来表现不同的深浅层次。本次任务中我们会从笔头、笔触、表现方法和层次四个方面来介绍灰色系马克笔的基本使用技法，并从色系和几何体上色案例两个方面来介绍彩色系马克笔的基本使用技法。

任务描述

通过光影的学习，运用马克笔对立方体、球体以及圆柱体进行光影着色。

任务实施

01 立方体的着色绘制

扫描二维码，跟随视频 5-4，准备好 A4 纸和马克笔，完成立方体光影着色。

步骤 01　确定底稿（图 5-13）

用黑色彩铅打好一个透视正确且带有投影的立方体底稿（上色的前提条件是要有一张好的底稿）。

形体投影绘制步骤：拟定光源→确定地面方向→连接光源和地面方向→连接交点投影区。

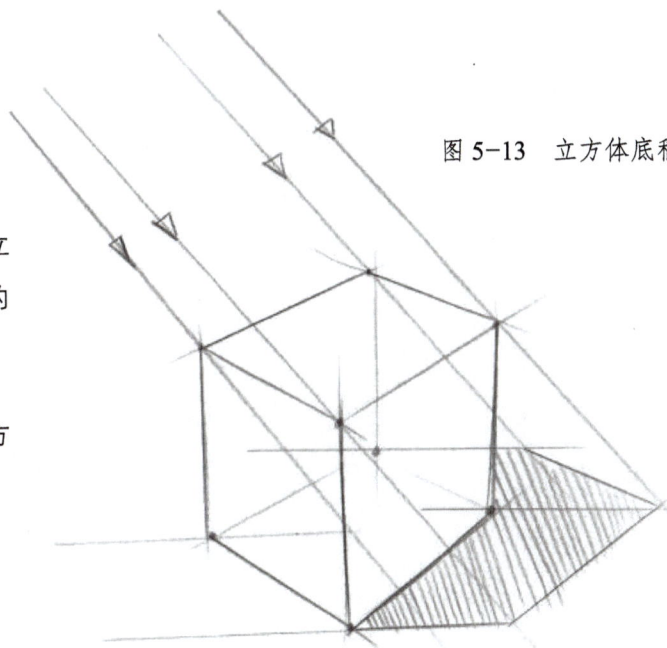

图 5-13　立方体底稿

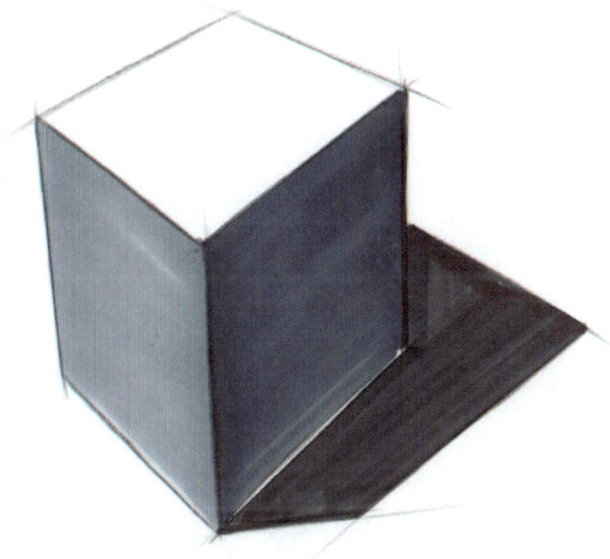

图 5-14　铺色

步骤 02　铺色（图 5-14）

选择同一种色系且深浅不同的马克笔，先用浅一点的马克笔沿着立方体的结构走势铺大面（包括暗面、灰面和亮面），注意亮面要有留白。

项目五 | 产品光影色彩与材质的绘制　091

用深色的马克笔以笔触叠加的方法加深明暗交界线
与暗部，注意暗部的反光区要留出来，不要画满。

图 5-15 区分面的过渡与暗部反光

02 球体的 着色绘制

视频 5-5 马克笔球体

扫描二维码，跟随视频 5-5，准备好 A4 纸和马克笔，完成球体的光影着色。

步骤 01 确定底稿（图 5-16）

用黑色彩铅打好一个透视正确且带有投影
的球体底稿。

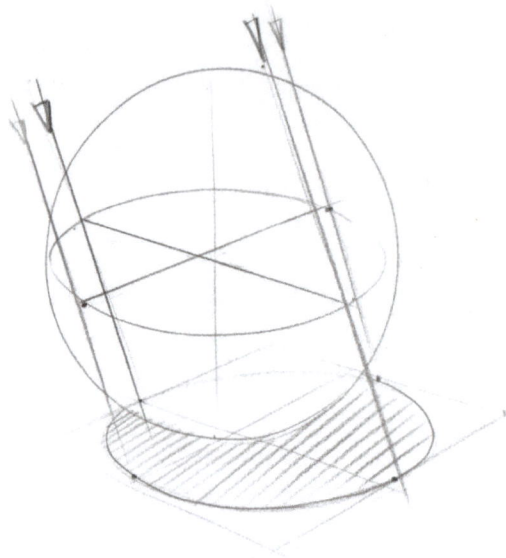

图 5-16 球体底稿

步骤 02 铺色（图 5-17）

选择同一种色系且深浅不同的马克笔，先用浅一点
的马克笔沿着球体的结构走势铺大面（包括暗面、
灰面和亮面），注意亮面要有留白。

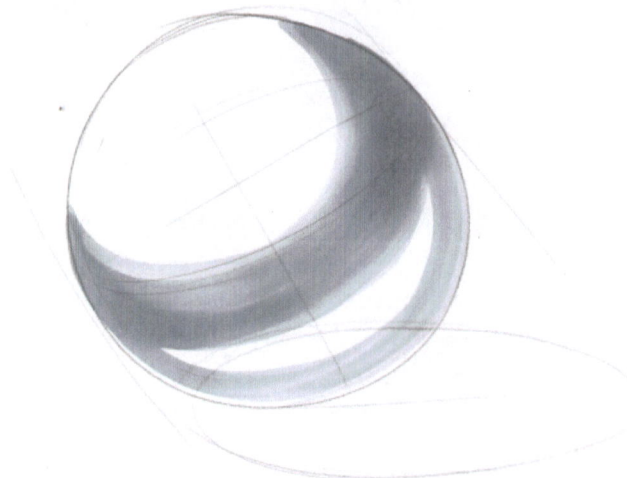

图 5-17 结构走势铺色

步骤 03 区分光影（图 5-18）

用深色的马克笔以笔触叠加的方法加深明暗交界线与暗部，注意暗部的反光区要留出来，不要画满。

图 5-18　区分球面的过渡与暗部反光

03 圆柱体的着色绘制

视频 5-6　马克笔圆柱

扫描二维码，跟随视频 5-6，准备好 A4 纸和马克笔，完成圆柱体光影着色。

步骤 01 确定底稿（图 5-19）

用黑色彩铅打好一个透视正确且带有投影的圆柱体底稿。

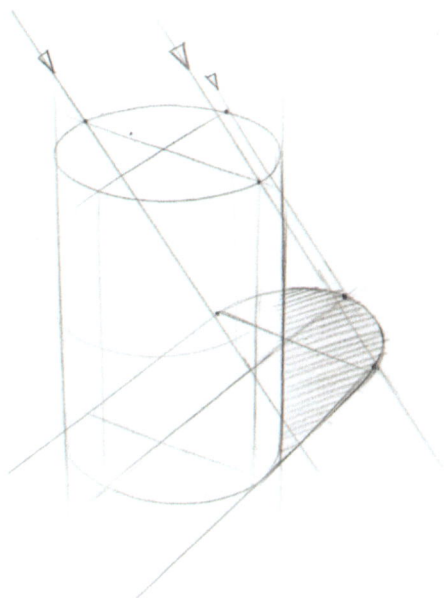

步骤 02 铺色（图 5-20）

选择同一种色系且深浅不同的马克笔，先用浅一点的马克笔沿着圆柱体的结构走势铺大面（包括暗面、灰面和亮面），注意亮面要有留白。

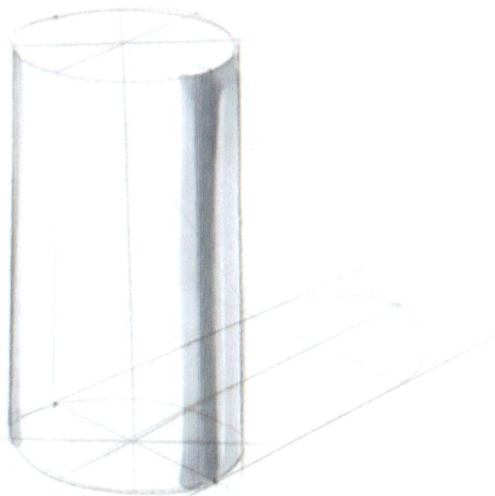

图 5-19　圆柱体底稿

图 5-20　结构走势铺色

然后用深色的马克笔以笔触叠加的方法加深明暗交界线与暗部，注意暗部的反光区要留出来，不要画满。

图 5-21 区分圆柱体面的过渡与暗部反光

Tips

技巧：

1. 明确对象的亮面、灰面、暗面。

2. 用浅灰塑造亮面，中灰塑造灰面，深灰塑造暗面。

3. 不断拉开亮面与暗面的差距，并用中间色衔接塑造灰面。

4. 暗面加深，亮面提亮，拉开层次，丰富画面。

给叠加的几何体进行上色绘制（图 5-22）。

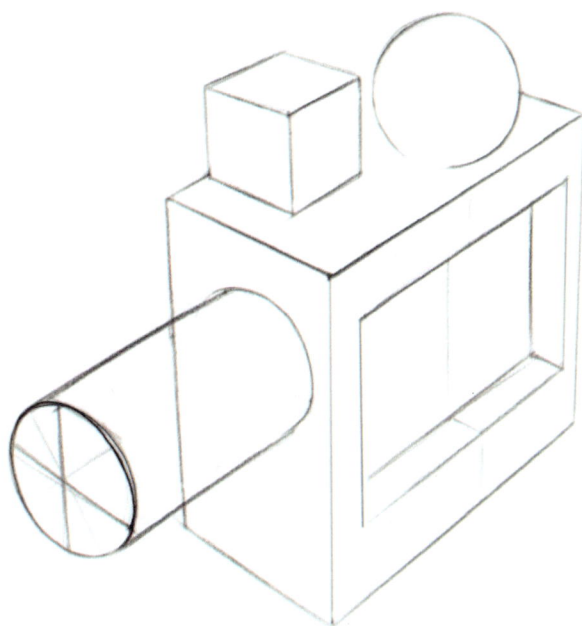

图 5-22　叠加几何体

任务三
产品的色彩与材质绘制

任务引入

CMF 的概念听起来好像离我们日常很远，其实 CMF 就是由英文 color（色彩）、material（材料）和 finishing（加工工艺）三个单词的首字母所组成的缩写名称。CMF 设计的价值是赋予产品外表"美"的品质，创造产品功能之外的与消费者对话的产品灵魂。

这样看来，CMF 是我们日常生活中再熟悉不过的概念了。我们身边的任何物体都是材料（M）构成的，物体形态的形成是材料在外力作用下的结果，外力作用其实就是加工工艺（F），而物体形态之所以被我们看到是因为不同材料在光的照射下所出现的"反射差"现象，也就是色彩（C），可见色彩、材料和加工工艺是构成人类感知这个物质世界的三大基本要素，因此在草绘中掌握不同材质的表现手法是十分重要的一环。

任务描述

马克笔上色除了可以表现产品的黑白灰关系外，配合上高光笔、彩铅等辅助笔还可以表现产品的材质，常用的产品材质类别为：反光材质、高反光材质、漫反射材质和透明材质。下面详细讲述这些工具的运用以及效果展示。

01 橡胶与塑料材质

任务实施

扫描二维码，跟随视频 5-7，准备好马克笔、白铅等工具，完成橡胶与塑料材质的绘制练习。

步骤 01 冷灰满涂（图 5-23）

图 5-23 铺色

步骤 02 区分亮灰暗面（图 5-24）

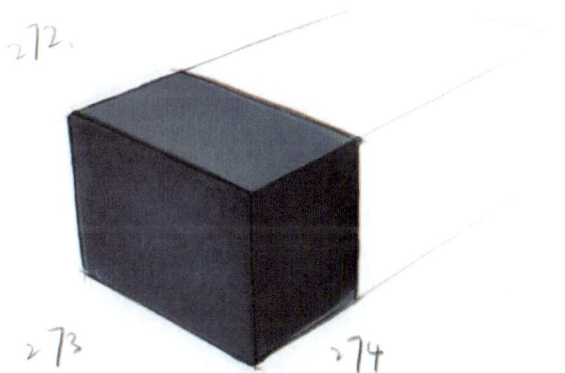

图 5-24 亮灰暗三面区分

步骤 03 用白铅提取哑光部分（图 5-25）

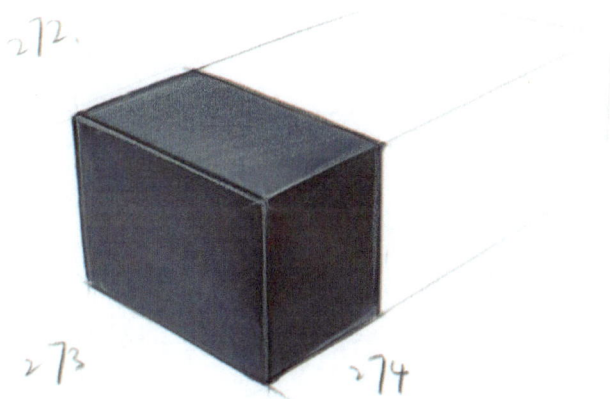

图 5-25 哑光

步骤 04 区分橡胶与塑料材质（图 5-26）

塑料给人的感觉较温和，与橡胶相比，反光与高光强烈，画反射强的塑料要注意跟金属材质区分开来。塑料材质的明暗灰关系明显，在表达的时候要注意马克笔过渡。

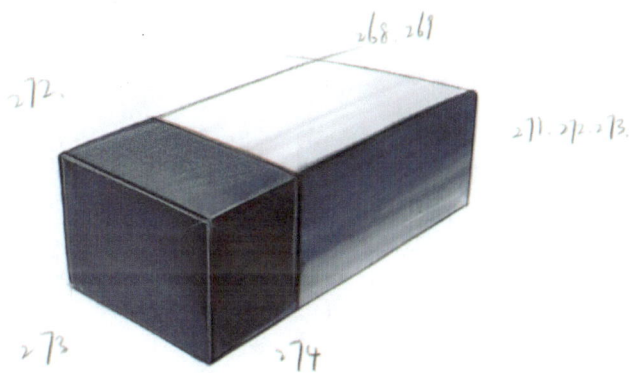

图 5-26 塑料材质着色

02　橡胶材质球体

扫描二维码，跟随视频 5-8，完成橡胶材质球体的绘制练习。

步骤 01　用深色铺满整个面（图 5-27）

2/2

图 5-27　铺色

步骤 02　添加明暗变化（图 5-28）

结合光源，顺着结构添加明暗变化，用白铅提取高光。

2/2

273、274

图 5-28　球体明暗变化及高光

Tips

橡胶材质的表现：

1. 用马克笔画橡胶质感时，笔触尽量不要留白。

2. 暗部的营造要趁笔触未干时快速叠加，这样笔触才会更好地相互融合渗透，体现出橡胶质感。

3. 弱化高光与反光，不要使用高光笔。

03　金属材质

视频 5-9　金属方块

视频 5-10　金属圆柱

视频 5-11　金属球体

扫描二维码，跟随视频 5-9、视频 5-10 和视频 5-11，准备好马克笔、高光笔等工具，完成金属材质的绘制练习。

由于金属反光强烈，因此可以通过拉大对比度来刻画强反光、反射，而且金属感光成像非常明显，可以适当在面的刻画中融入环境效果。

步骤01　金属块着色（图5-29）

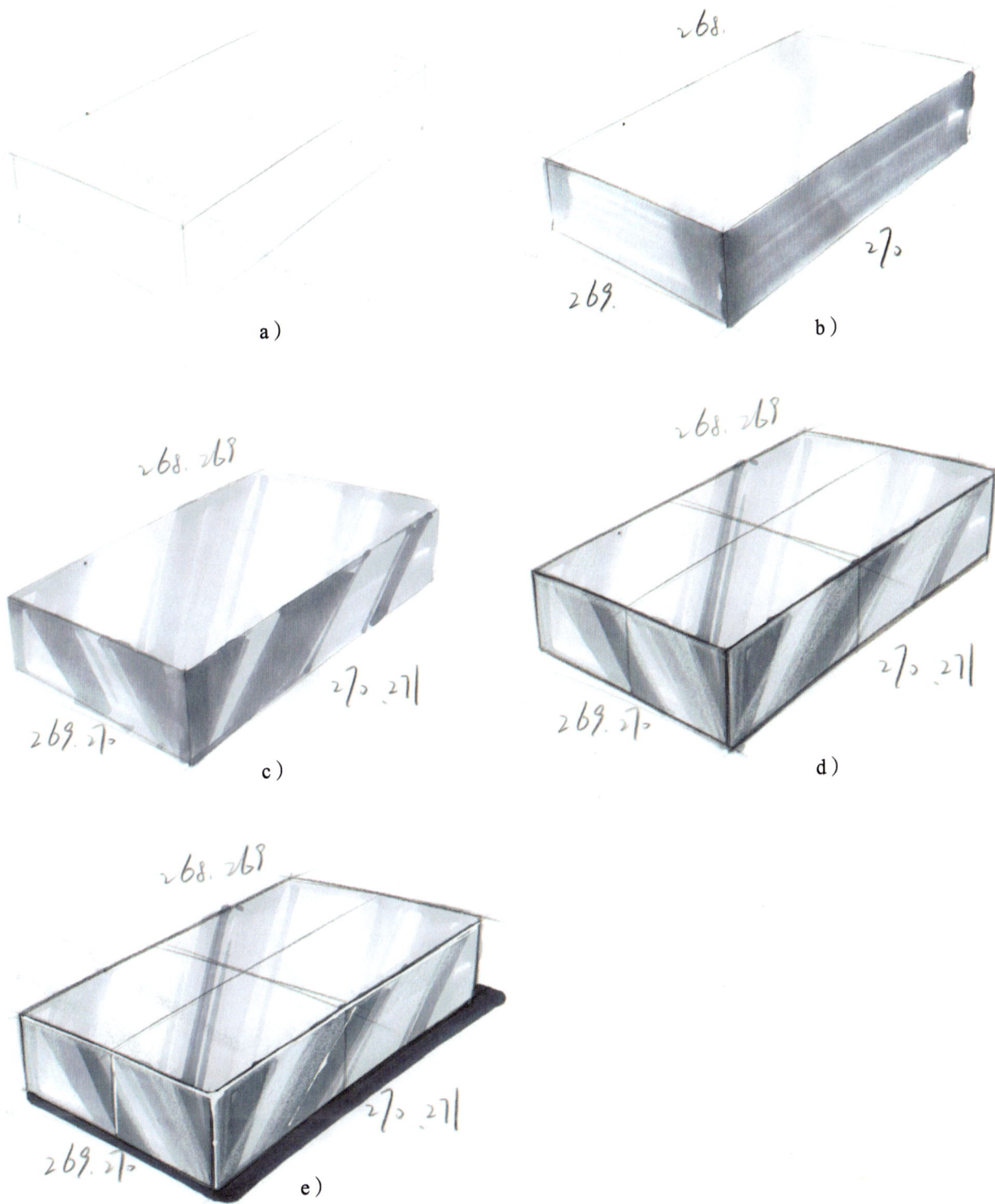

图 5-29　金属块着色

刻画柱体的金属材质时，可以先用深色刻画一道明暗分界线，然后使用马克笔跳色过渡，并且可以使用蓝色与暖灰体现天空与地面的反射效果。

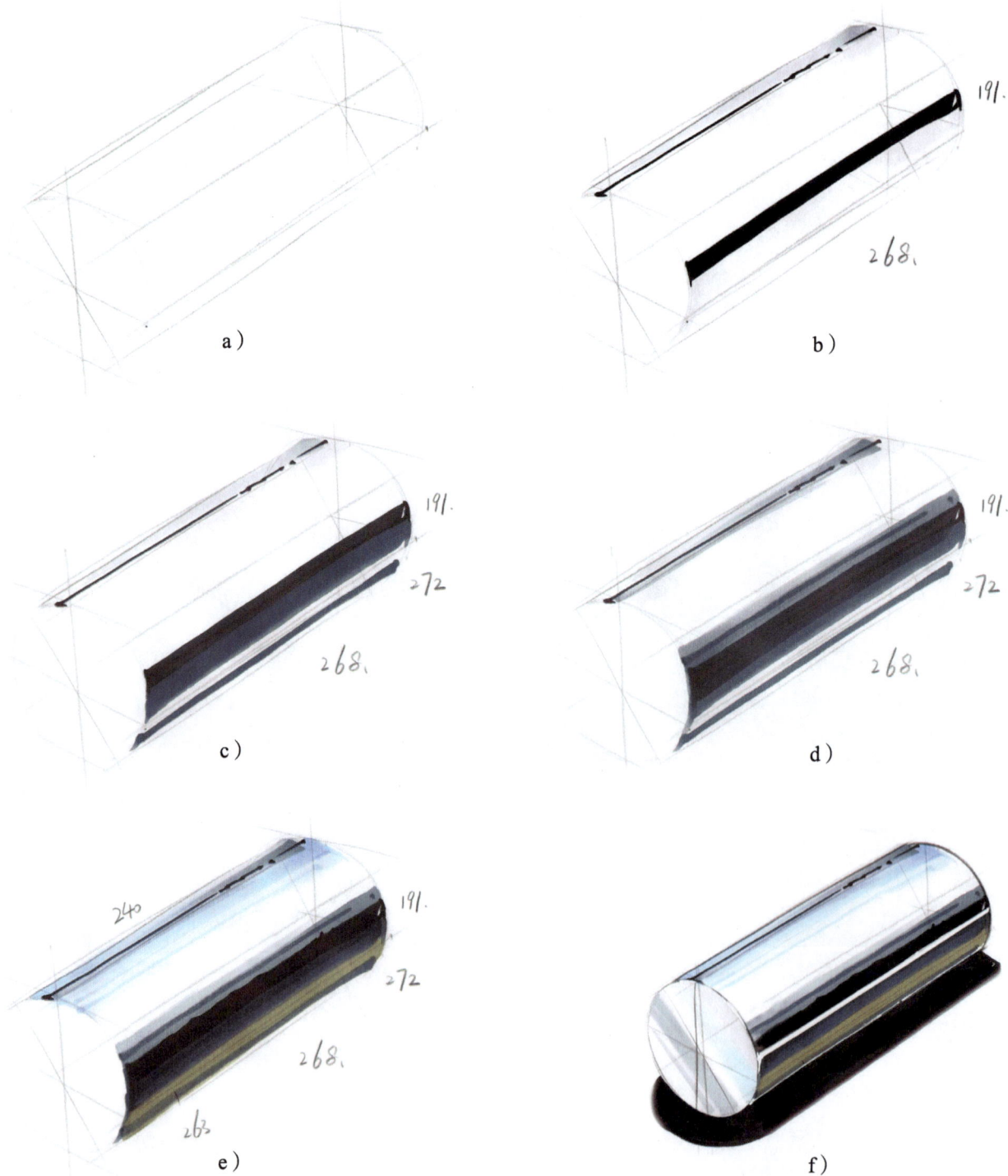

a）

b）

c）

d）

e）

f）

图 5-30　金属圆柱体着色

图 5-31　金属球着色

Tips

金属材质的表现：

1.金属材质可从浅灰马克笔开始铺色，亮部要有较多的留白（作为高光）。

2.最暗的笔触要等底色完全干透再画，最暗的折射区要利落分明符合金属的特征。

04　木纹材质

扫描二维码，跟随视频 5-12，准备好马克笔、白铅等工具，完成木材材质的绘制练习。

步骤 01　确定底稿（图 5-32）

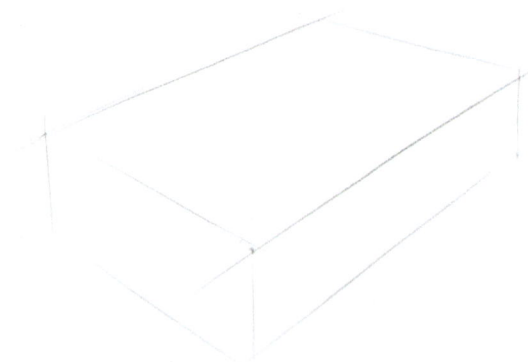

图 5-32　木材底稿

步骤 02　区分明暗关系（图 5-33）

用棕色系马克笔根据木材的表面加工工艺进行处理。

图 5-33　明暗处理

步骤 03　刻画木纹纹理（图 5-34）

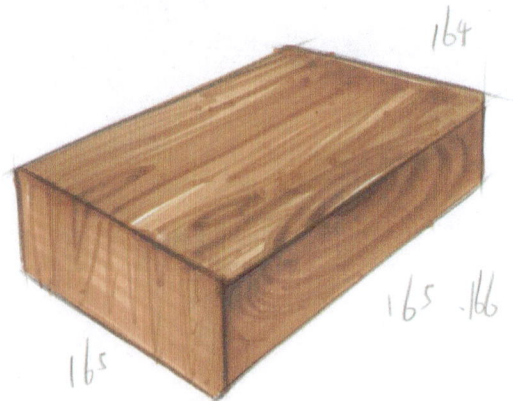

图 5-34　木纹纹理

步骤 04　用白铅与高光笔提取哑光和高光（图 5-35）

图 5-35　哑光和高光处理

Tips

木纹材质的表现：

1. 用马克笔画木头质感时，笔触尽量不要留白！

2. 等底色完全干透后再由浅到深画上木纹，这样纹理才会清晰。

3. 铺底色的时候，笔触要利落；画纹理的时候，笔触要抖动自然，纹理要有疏密。

05 皮革与透明材质

视频 5-13
皮革钱包

视频 5-14
透明方块

扫描二维码，跟随视频 5-13、视频 5-14，完成皮革与透明材质的绘制练习。

步骤 01 皮革钱包着色（图 5-36）

绘制时可以按照漫反射材质的方式着色，亮部、反光与缝纫线可以用白铅提亮，最后刻画纹理。

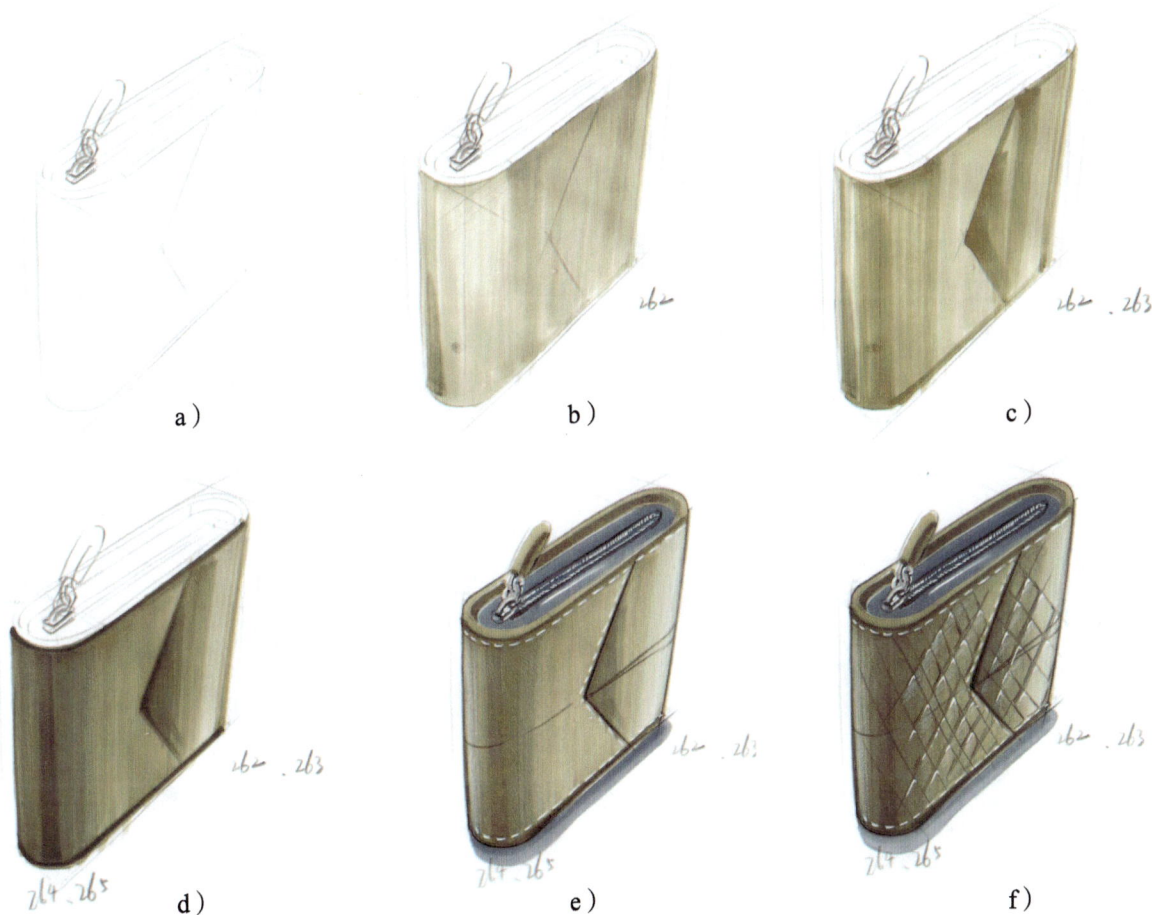

a）　　　　　　　　b）　　　　　　　　c）

d）　　　　　　　　e）　　　　　　　　f）

图 5-36　皮革钱包着色

Tips

皮革材质的表现：

1. 光面皮革可借用橡胶表现方式来画。

2. 纹理皮革可借用一块有纹理的垫子通过彩铅按拓印的方式来画。

3. 凹凸纹理的刻画可以用白铅高光绘制亮部，用黑色彩铅压深暗部。

4. 拓印皮革纹理的时候，纸张需固定不动以使纹路清晰。

透明材质上色时除了要绘制外观颜色，还需要绘制形体内部结构，两种颜色叠加时即可出现通透效果；同时注意透明材质要刻画出壁厚，最后添加高光点缀。

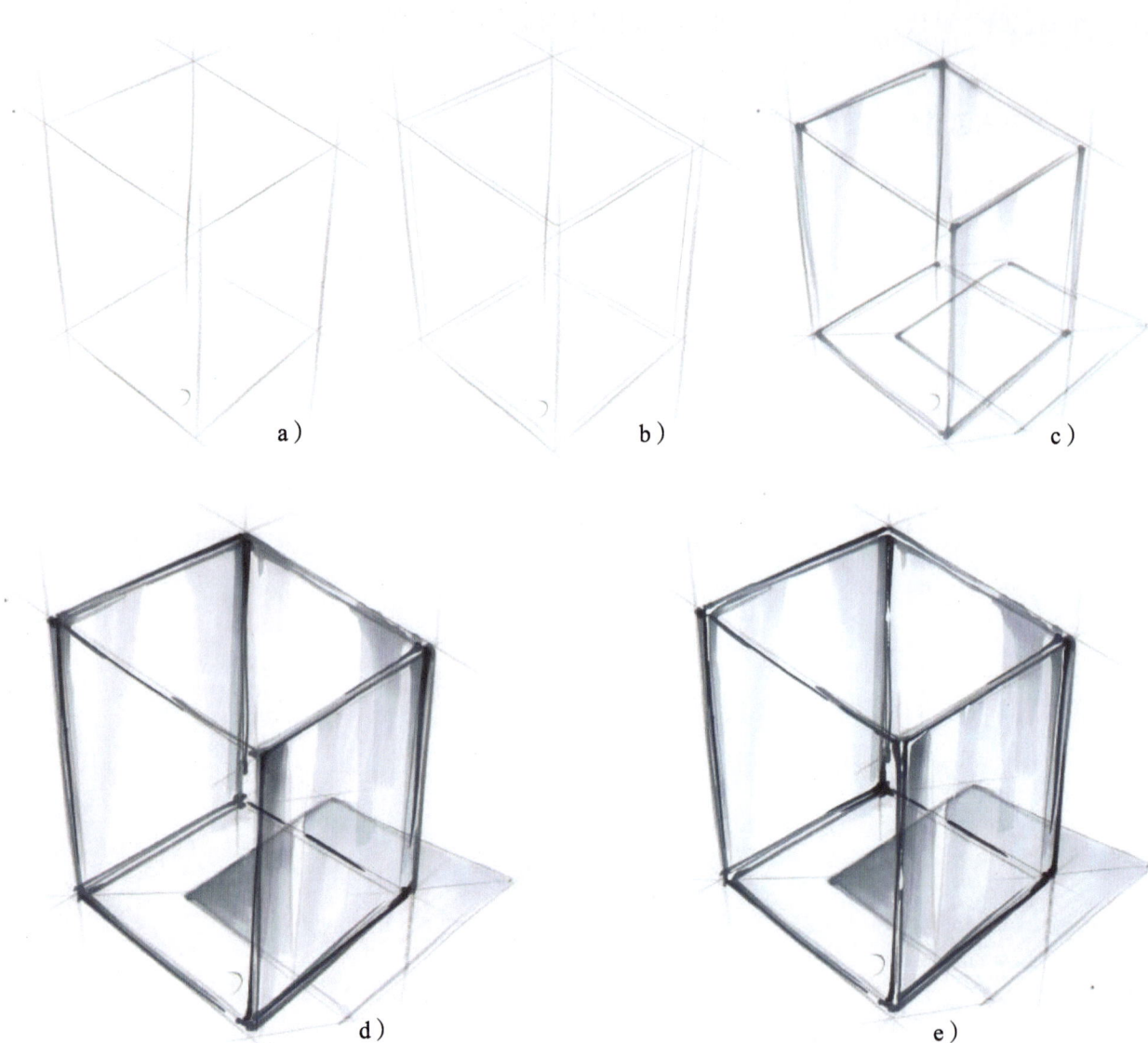

a ）　　　　　　　　b ）　　　　　　　　c ）

d ）　　　　　　　　　　　　　　e ）

图 5-37　透明盒子着色

Tips

透明材质的表现：

1. 用 CG5 以内的浅灰马克笔来画，笔触要干脆利落并有大量留白。

2. 转折处和面板叠加处颜色要加深，叠加的层次越多，颜色则越深。

3. 最后用深灰色马克笔刻画转折处的折射区并用高光笔点缀在折射区的边缘处。

1．绘制一个多种材料混搭的小产品。

2. 金属与木材材质的运用（图 5-38）。

跟随视频 5-15 和视频 5-16，在投影仪单色线稿（图 5-39）上进行上色练习。

视频 5-15
木材材质的表现

视频 5-16
金属材质的表现

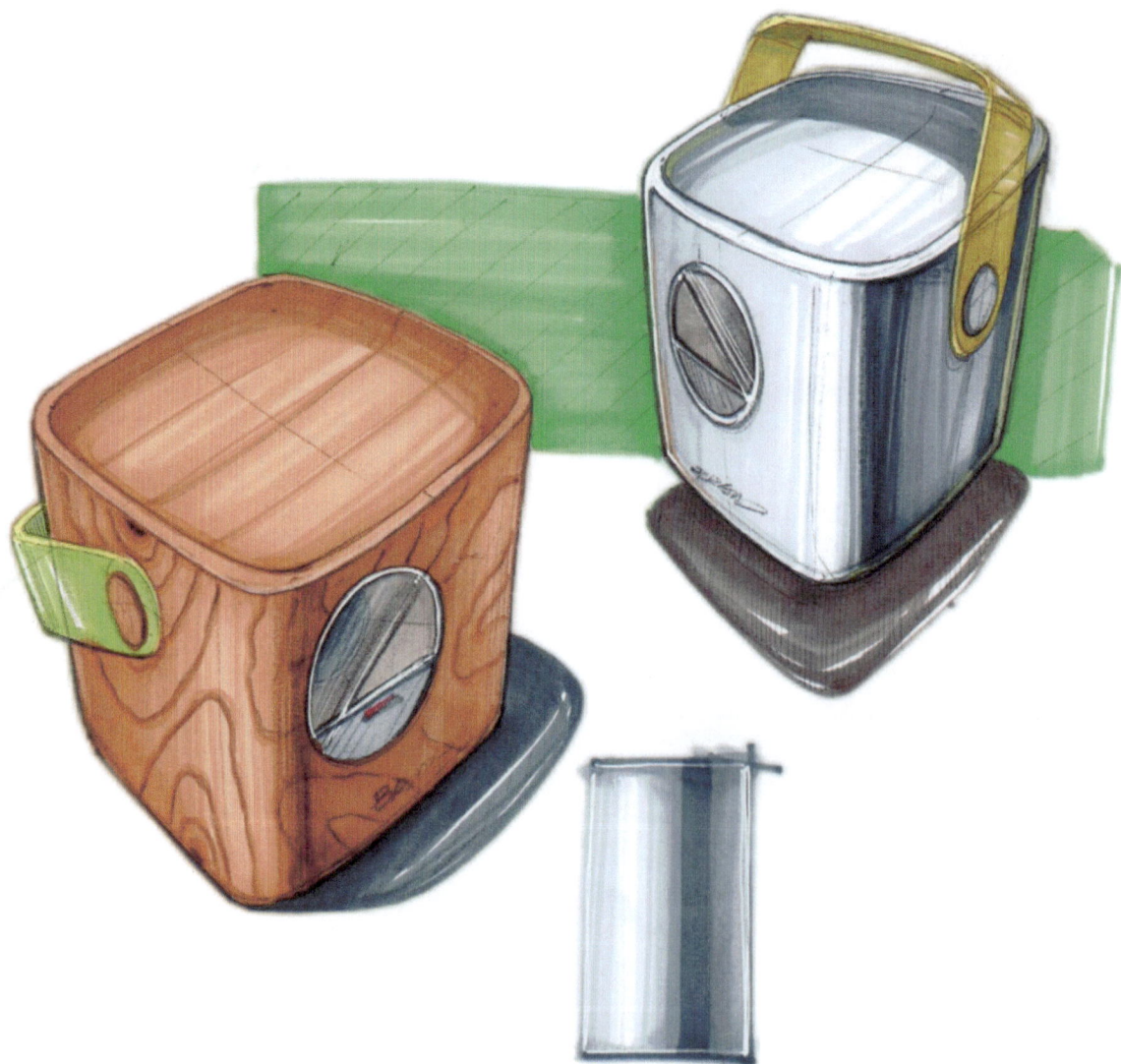

图 5-38　投影仪 a

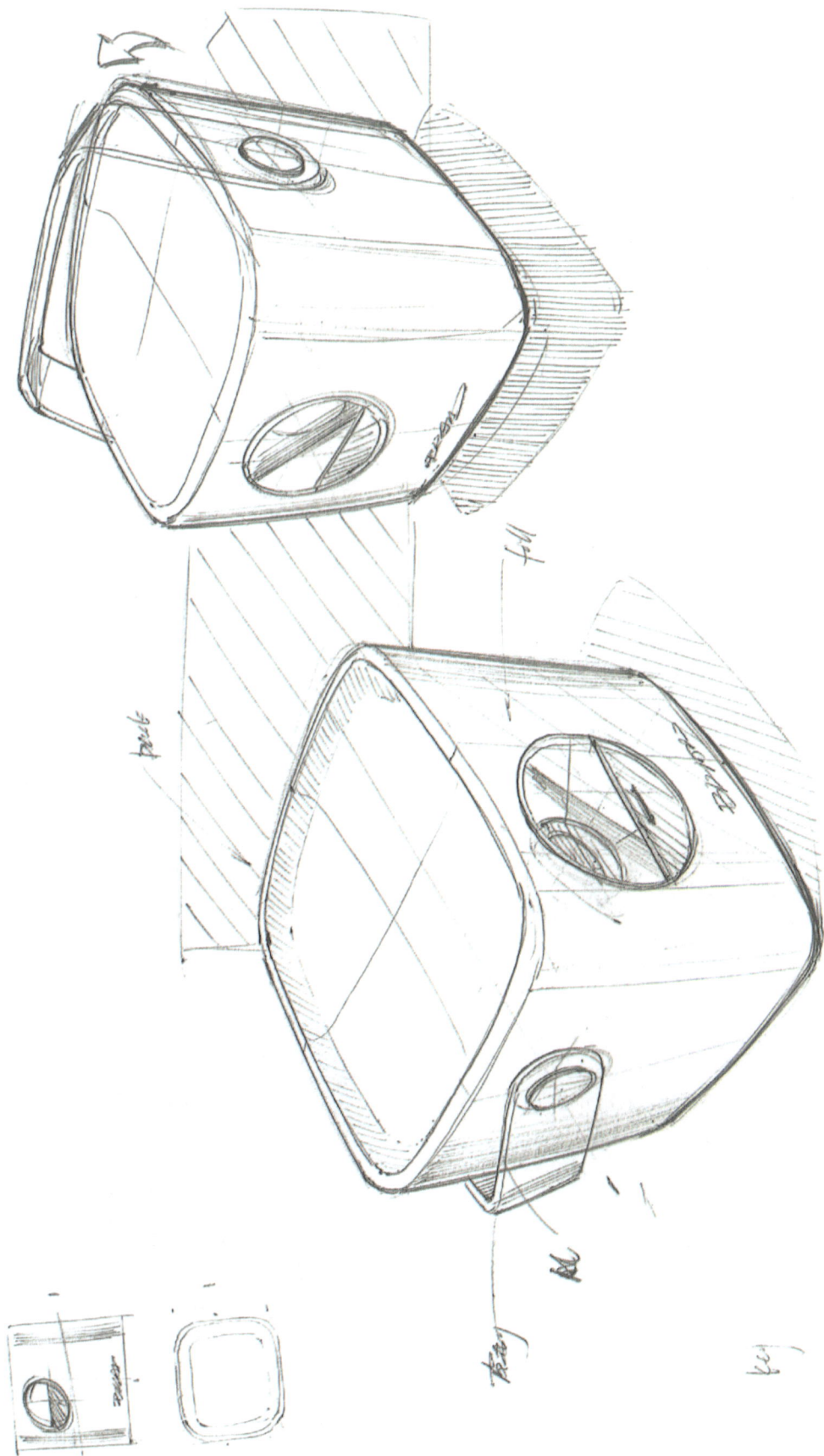

图 5-39 投影仪单色线稿

练一练

3. 木纹和金属的运用（图5-40）。

在小夜灯单色线稿（图5-41）上进行上色练习。

图 5-40　小夜灯

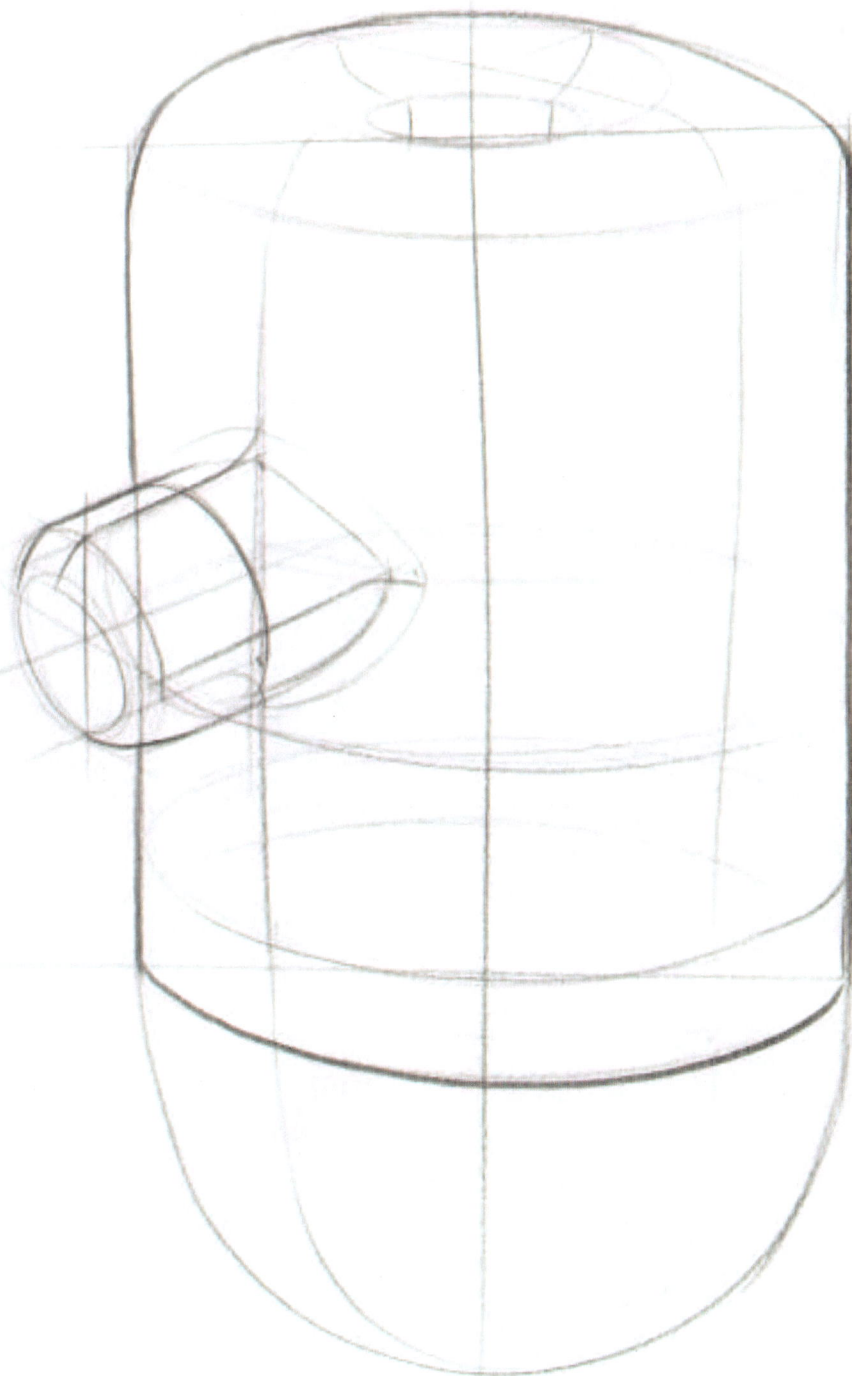

图 5-41　小夜灯单色线稿

4. 塑料与橡胶材质的运用（图 5-42）。

跟随视频 5-17 和视频 5-18，在遥控器单色线稿（图 5-43）上进行上色练习。

视频 5-17
橡胶材质的表现

视频 5-18
亮光塑料材质的表现

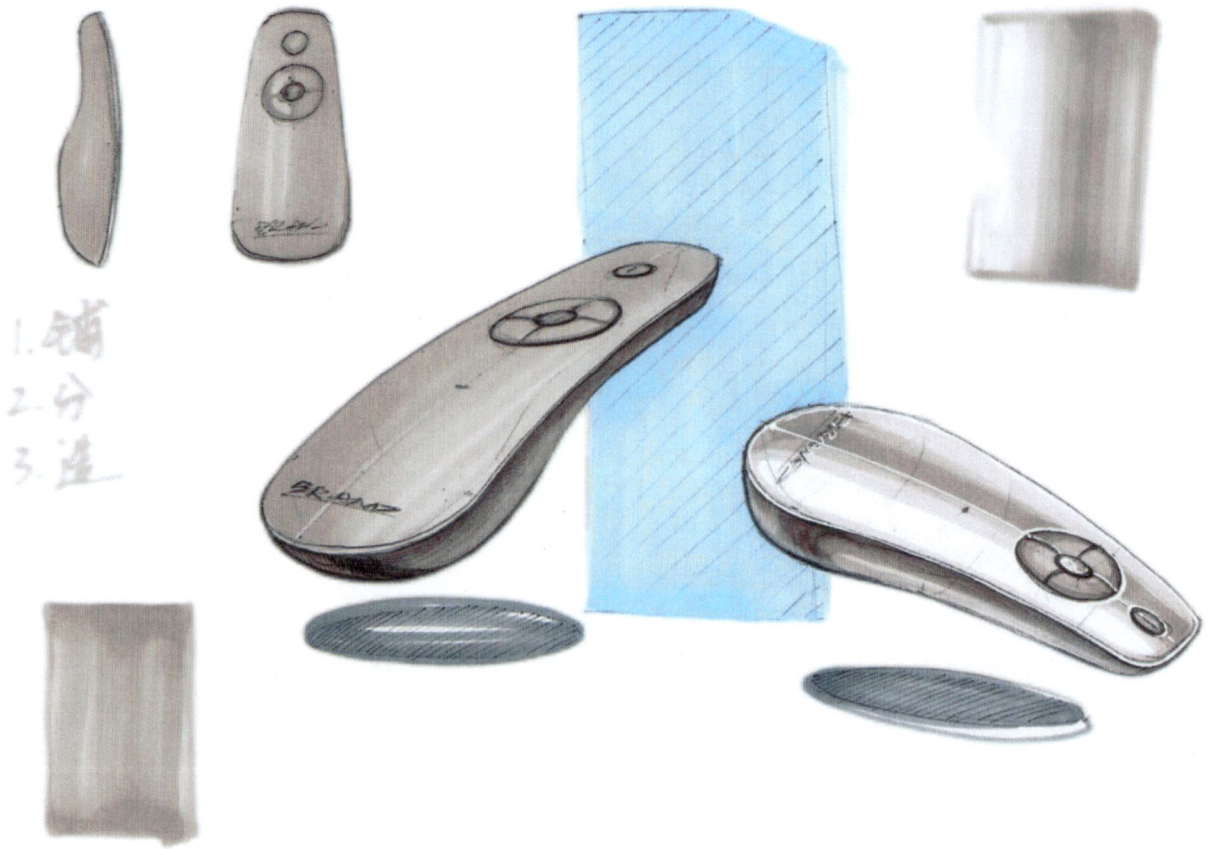

图 5-42 遥控器

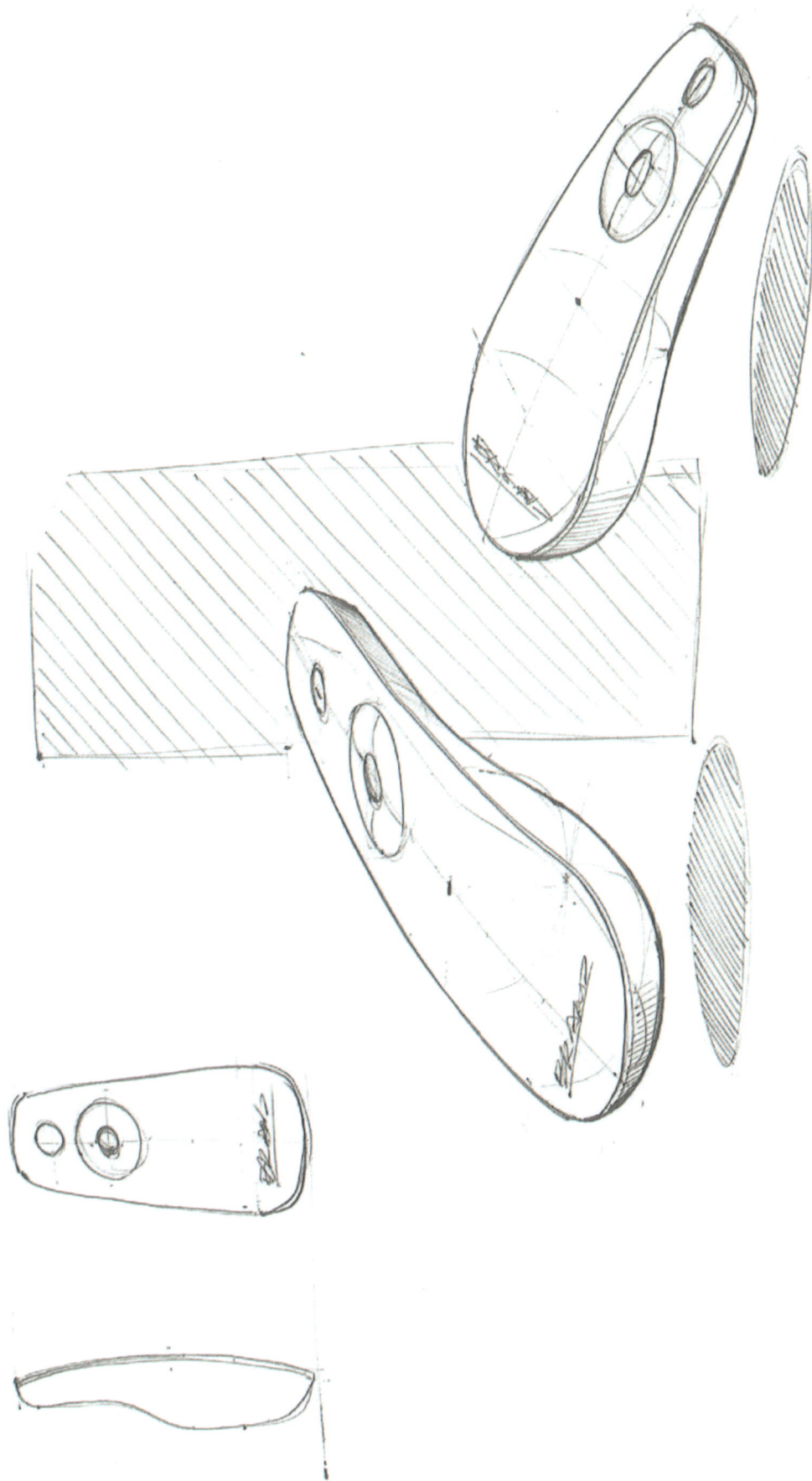

图 5-43 遥控器单色线稿

练一练

5. 皮革和透明材质的运用（图 5-44）。

跟随视频 5-19 和视频 5-20，在钱包单色线稿（图 5-45）上进行上色练习。

视频 5-19
皮革材质的表现

视频 5-20
透明材质的表现

图 5-44 钱包

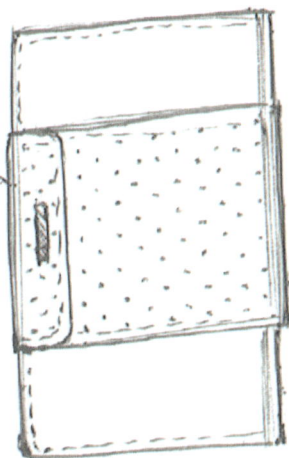

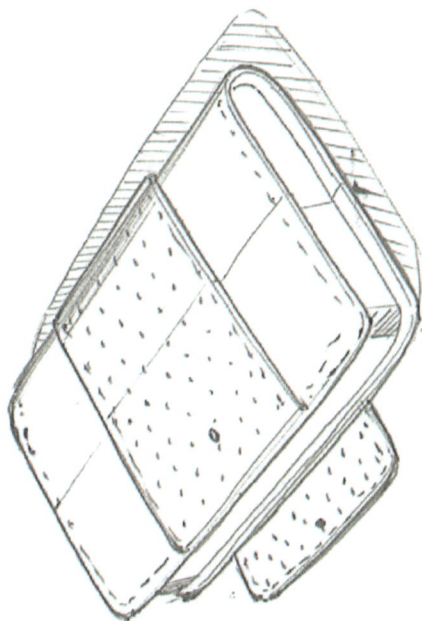

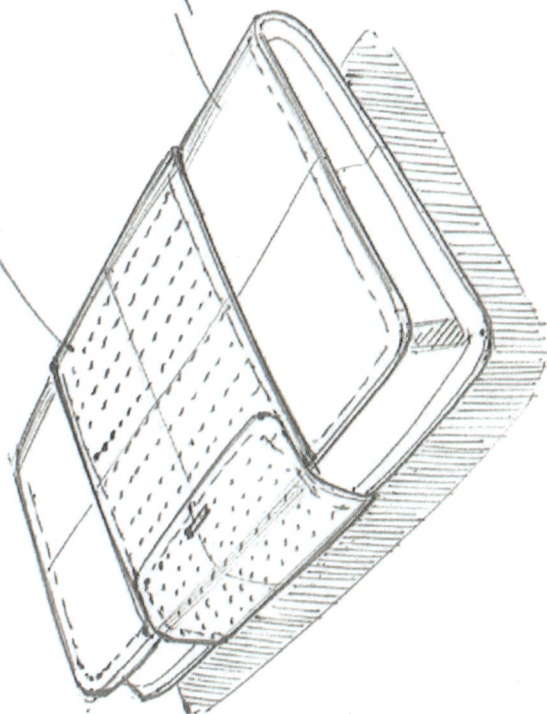

图 5-45　钱包单色线稿

练一练

6. 人造石和透明材质的运用（图 5-46）。

在单色线稿（图 5-47）上进行上色练习。

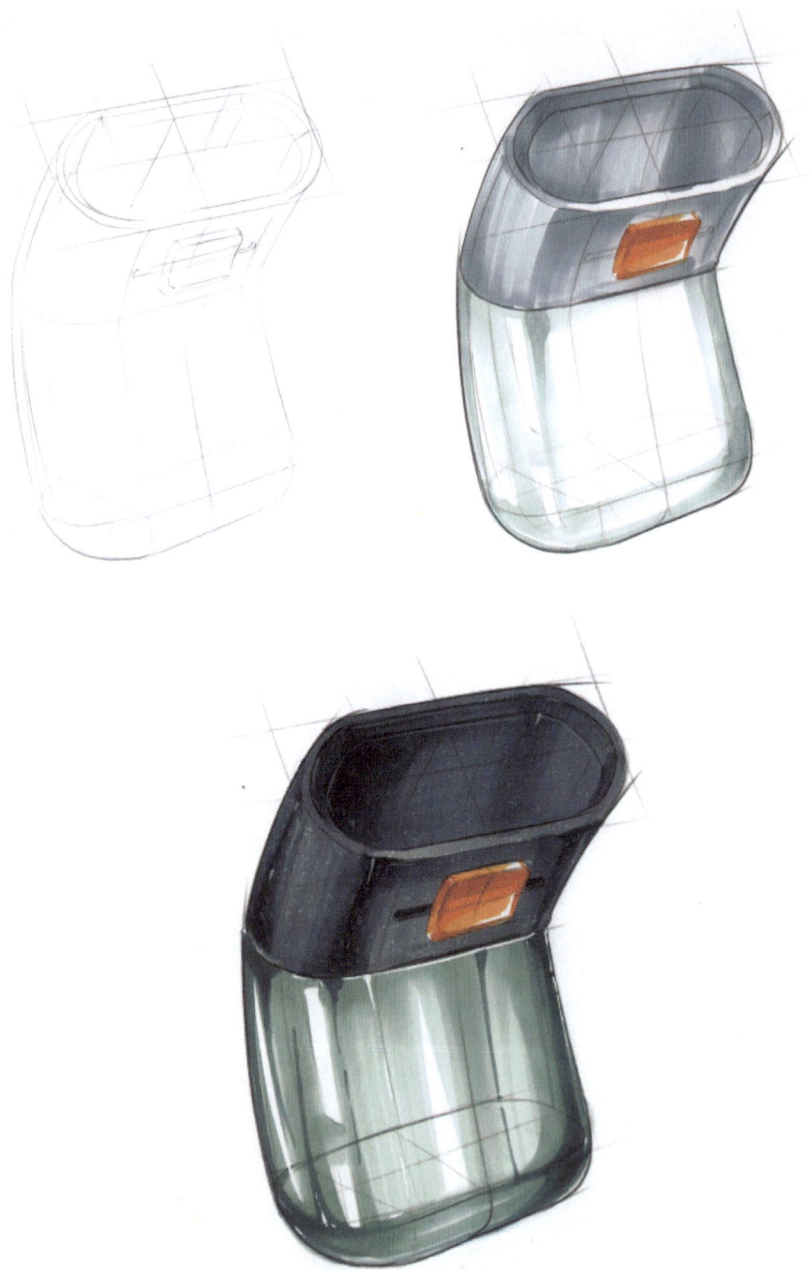

图 5-46　自动清新剂

Tips

不管什么材质，都有其自身的特点，我们在学习材质的绘制时应抓住材质的特点。但是要注意实物不是一成不变的，也要根据具体情况去刻画，才能画出更好的材质效果。

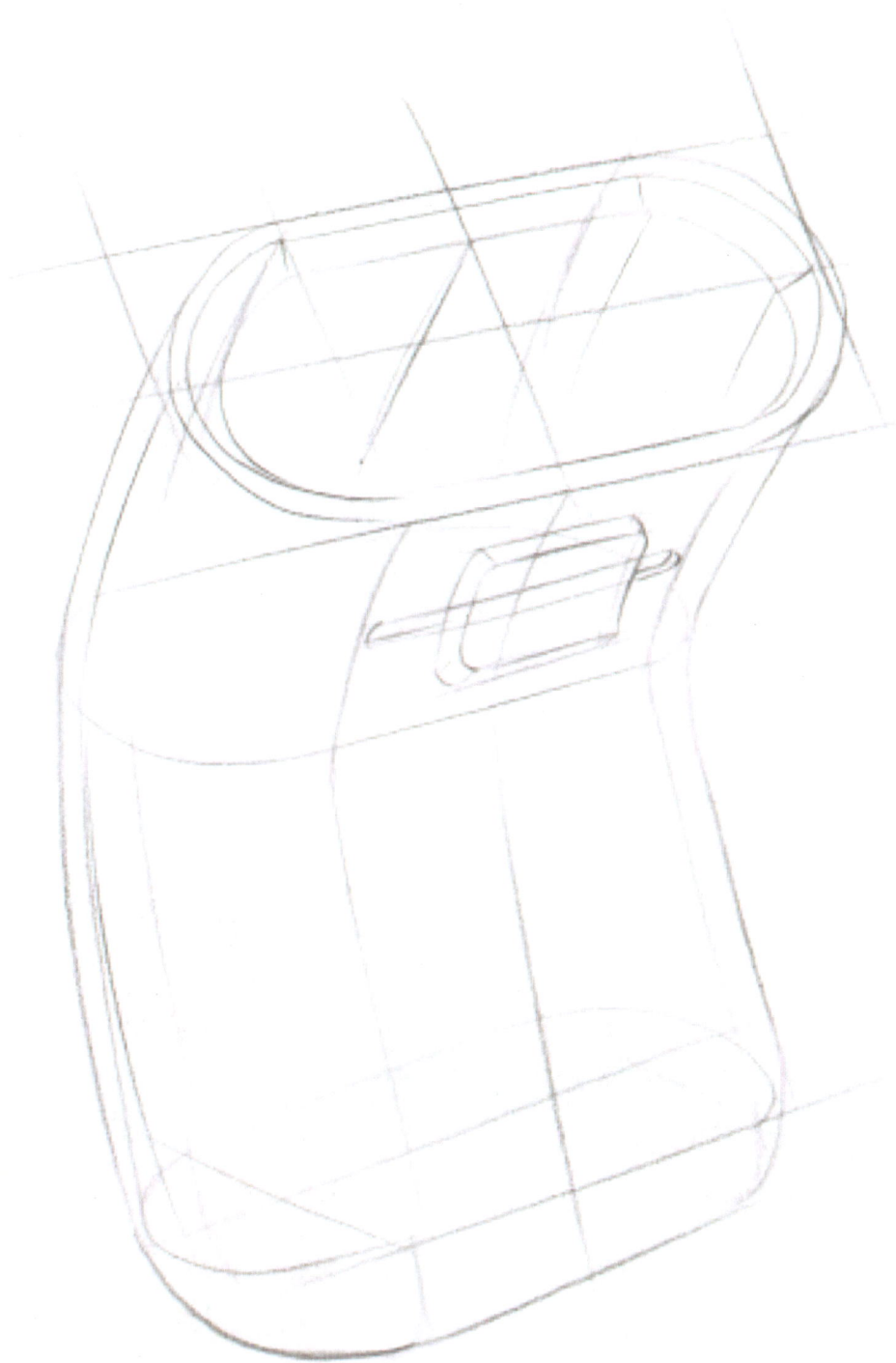

图 5-47　自动清晰剂单色线稿

精选上色案例

产品中不同材质的搭配可以用不同的上色技法来表现，如案例 1～案例 22 所示。

1. 投影仪材质绘制（图 5-48）。

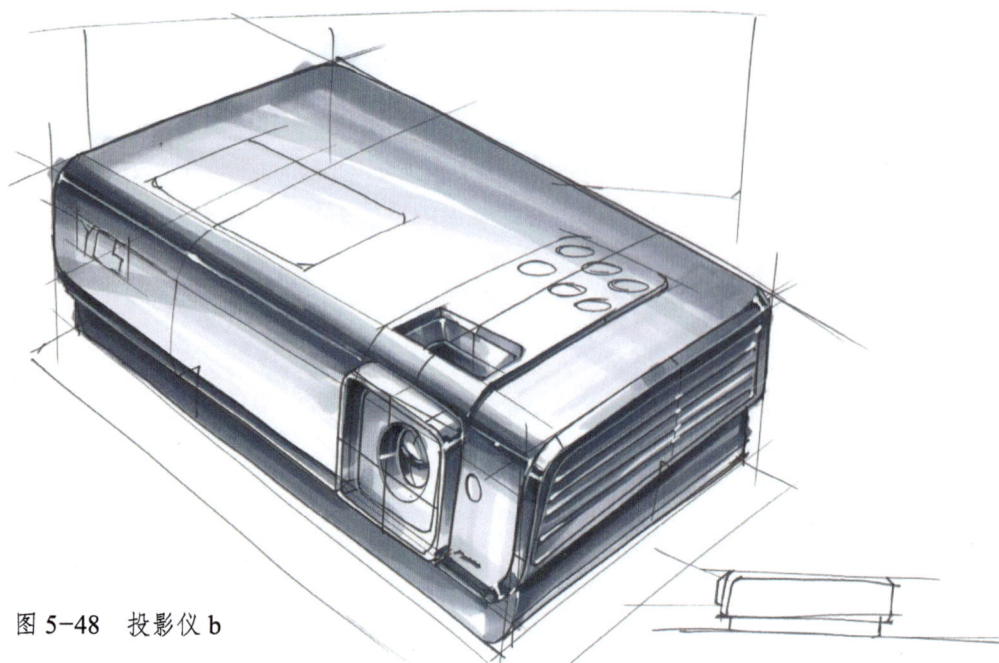

图 5-48　投影仪 b

2. 手电钻材质绘制（图 5-49）。

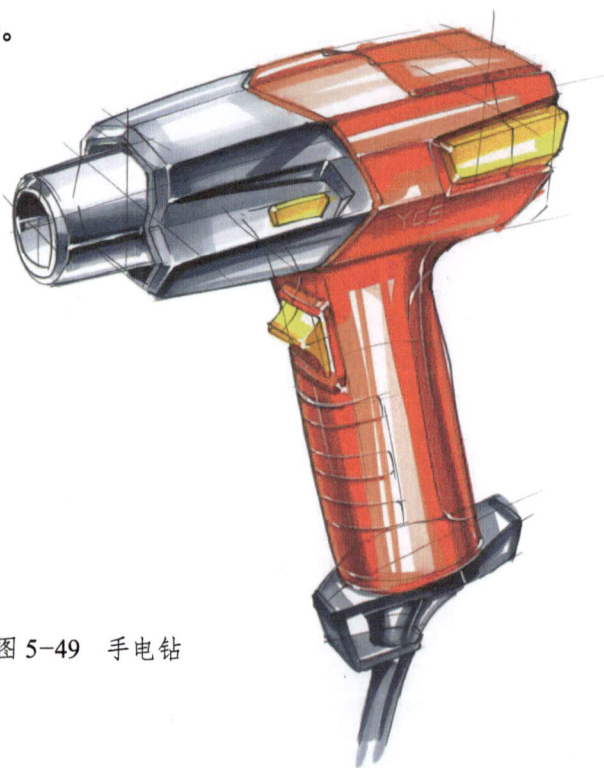

图 5-49　手电钻

3. 车载充电器材质绘制（图 5-50）。

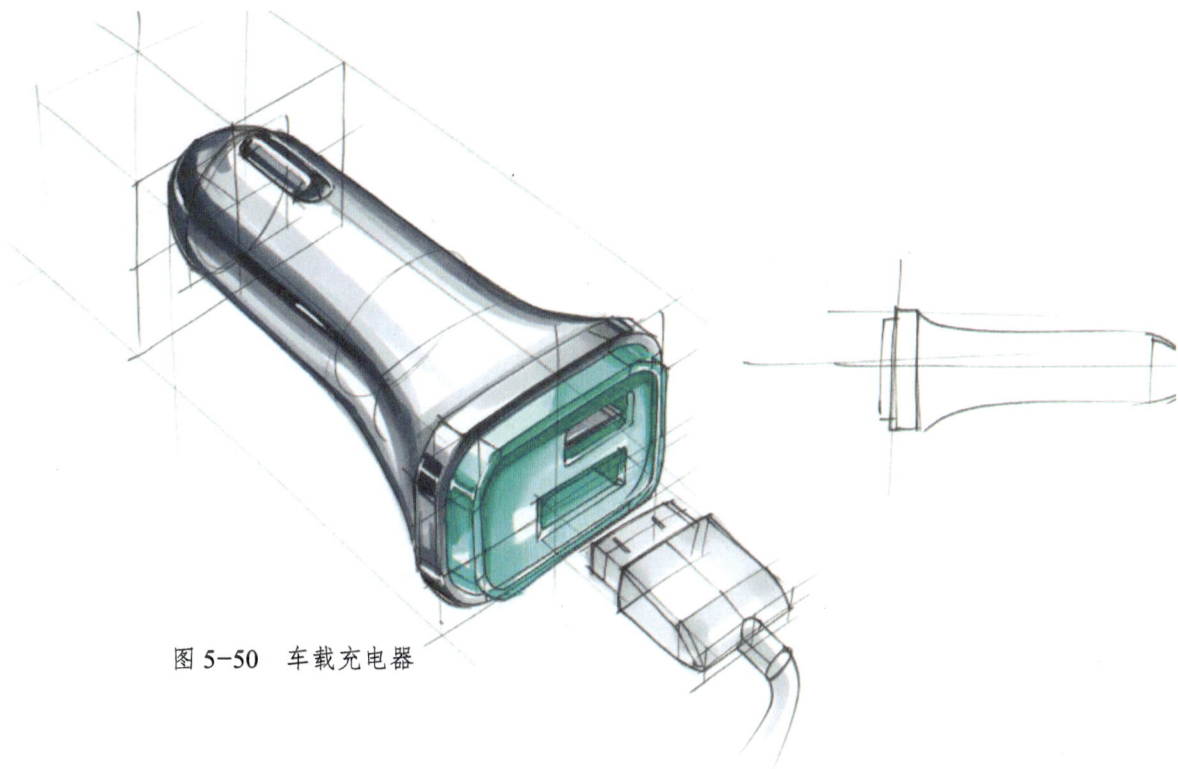

图 5-50　车载充电器

4. 电机设备材质绘制（图 5-51）。

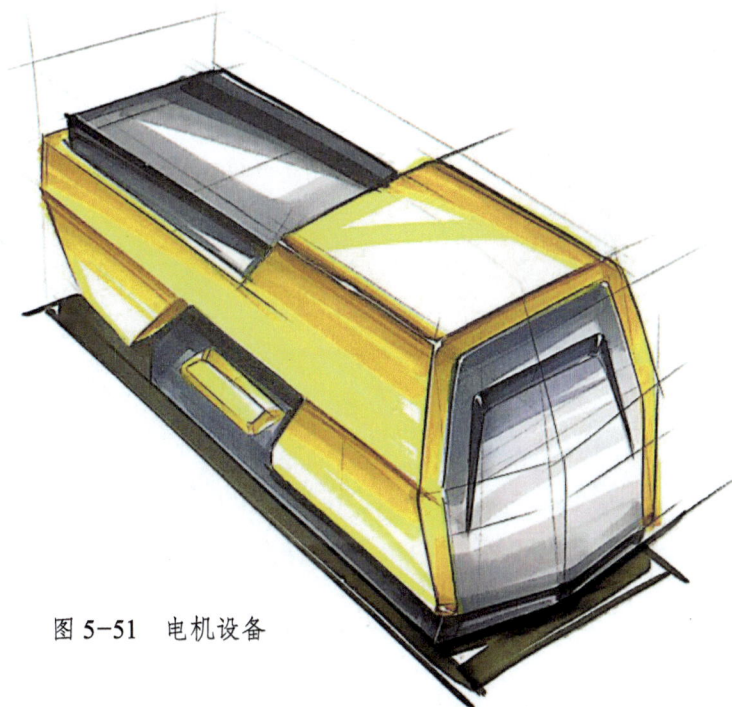

图 5-51　电机设备

5. 手持检测仪材质绘制（图5-52）。

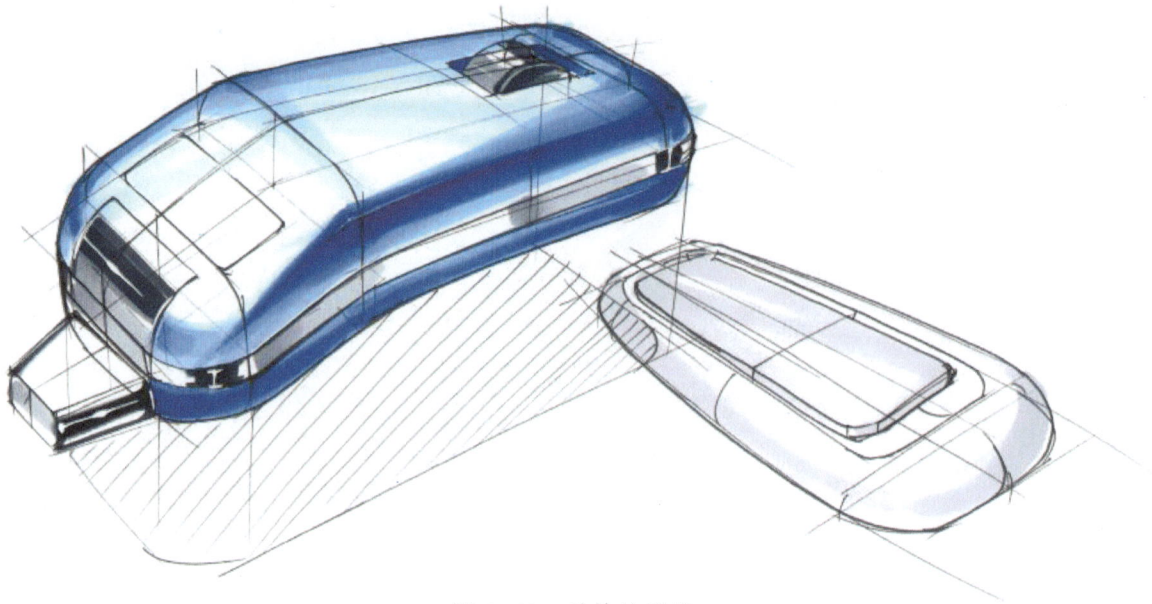

图5-52　手持检测仪

6. 头灯材质绘制（图5-53）。

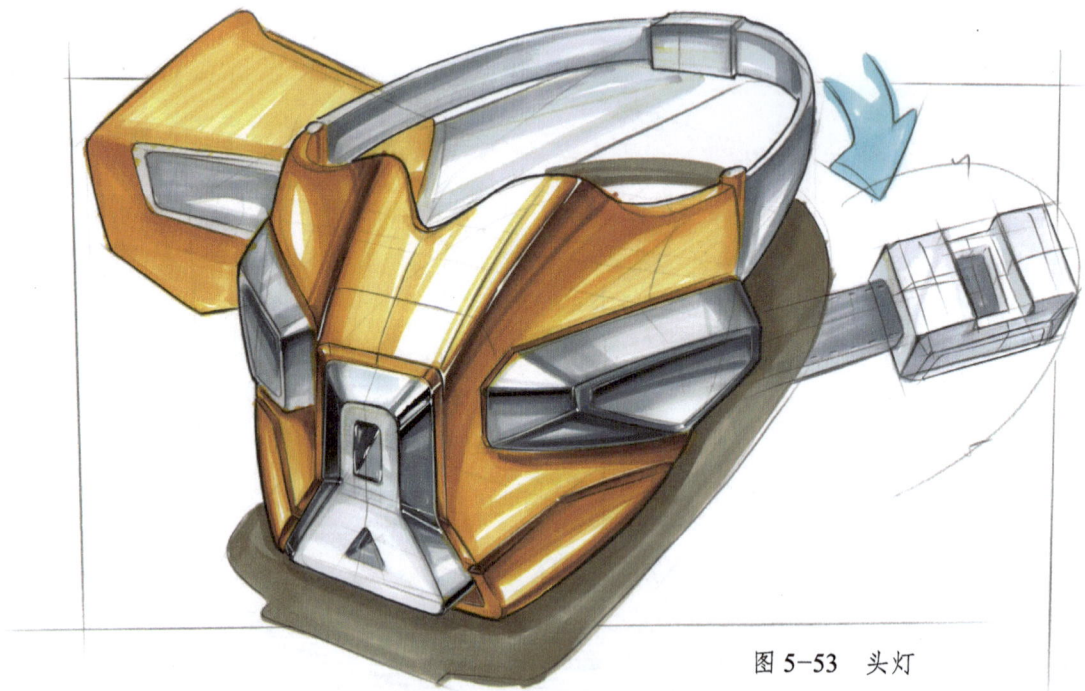

图5-53　头灯

7. 电子设备材质绘制（图 5-54）。

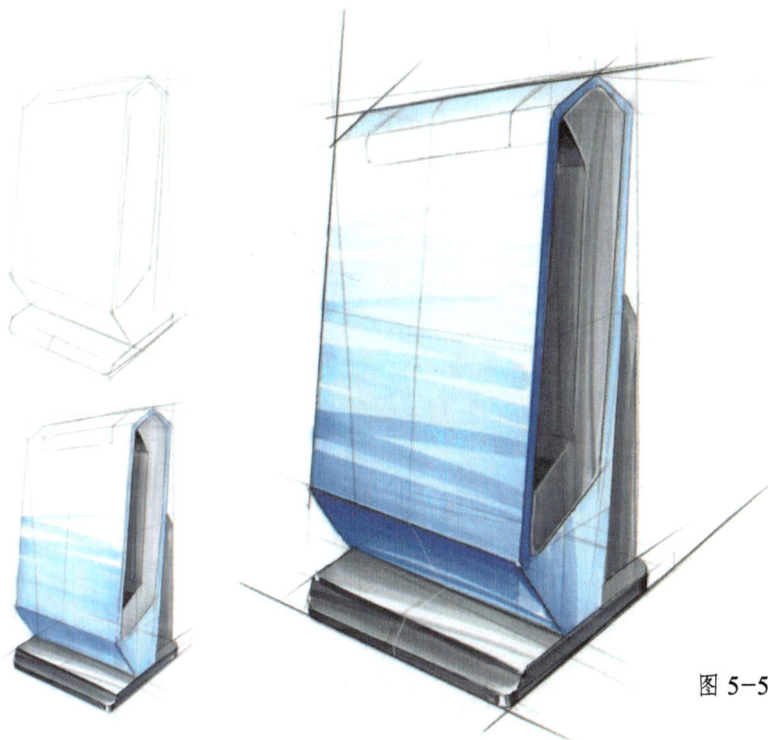

图 5-54　电子设备

8. 手持式终端材质绘制（图 5-55）。

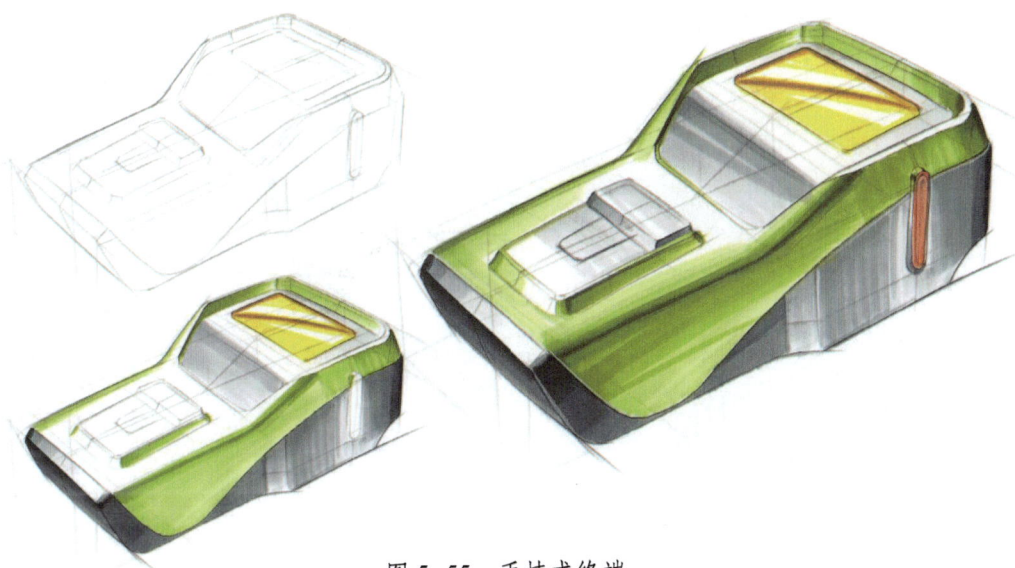

图 5-55　手持式终端

案　例

9. 电动剃须刀材质绘制（图5-56）。

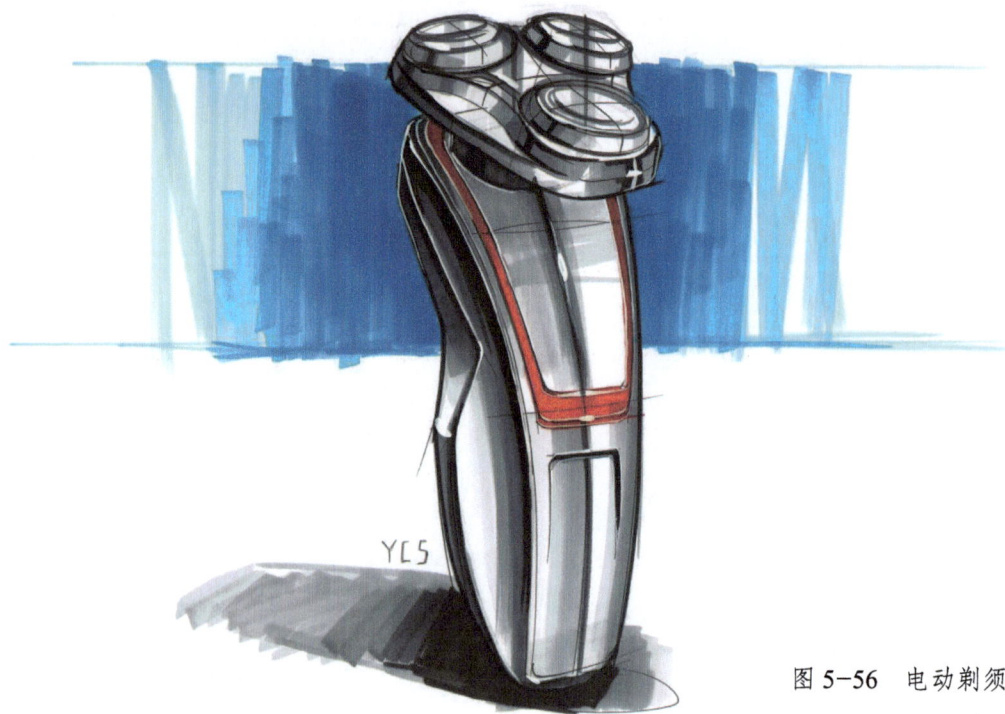

图5-56 电动剃须刀

10. 吸尘器材质绘制（图5-57）。

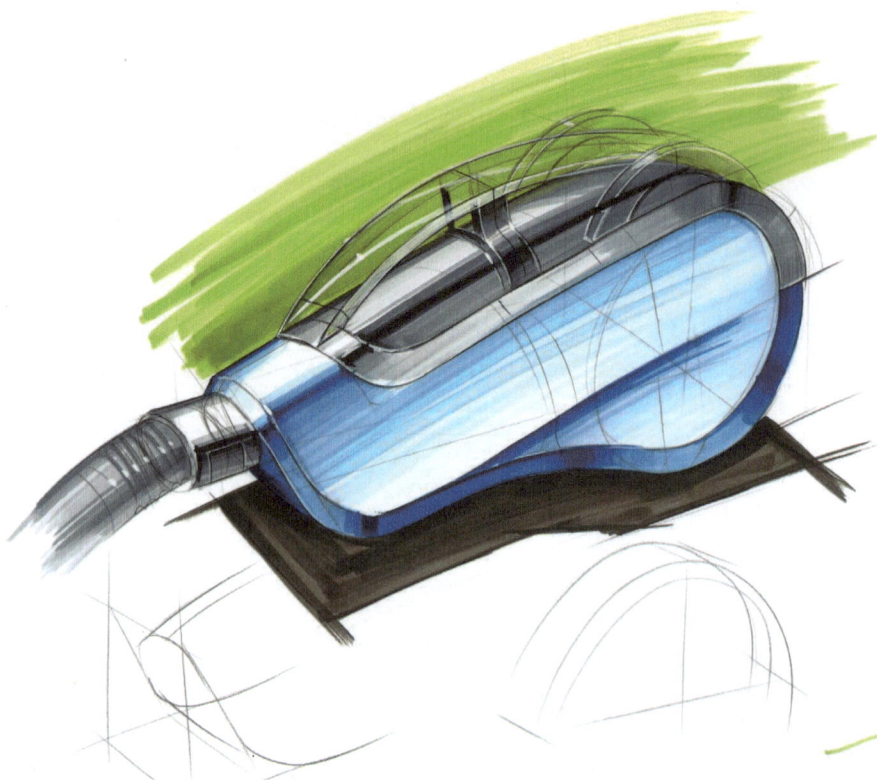

图5-57 吸尘器

11. 充电桩材质绘制（图 5-58 ）。

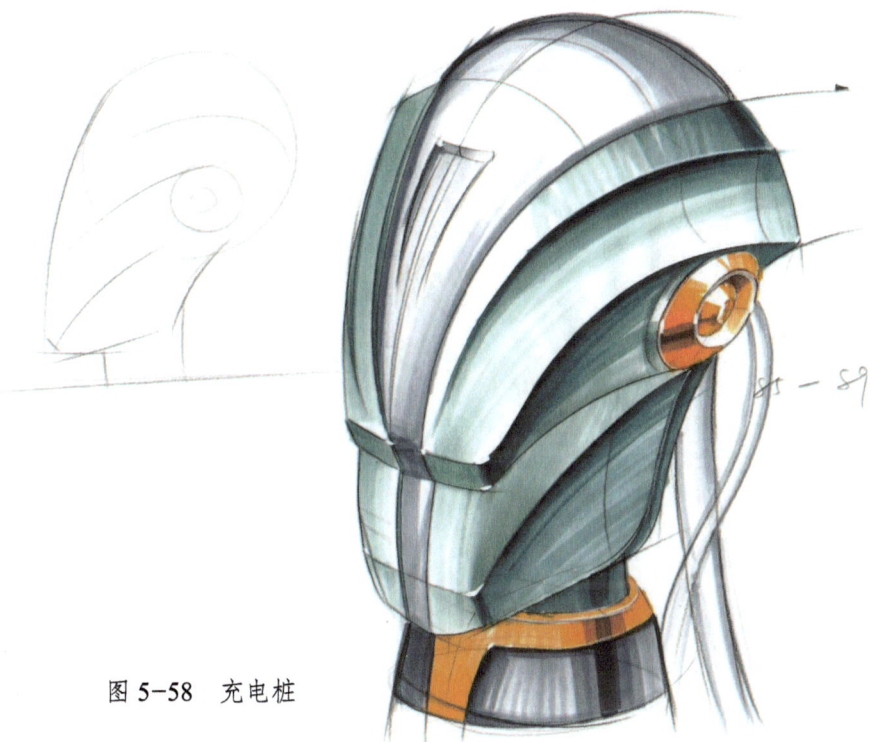

图 5-58　充电桩

12. 智能家具材质绘制（图 5-59 ）。

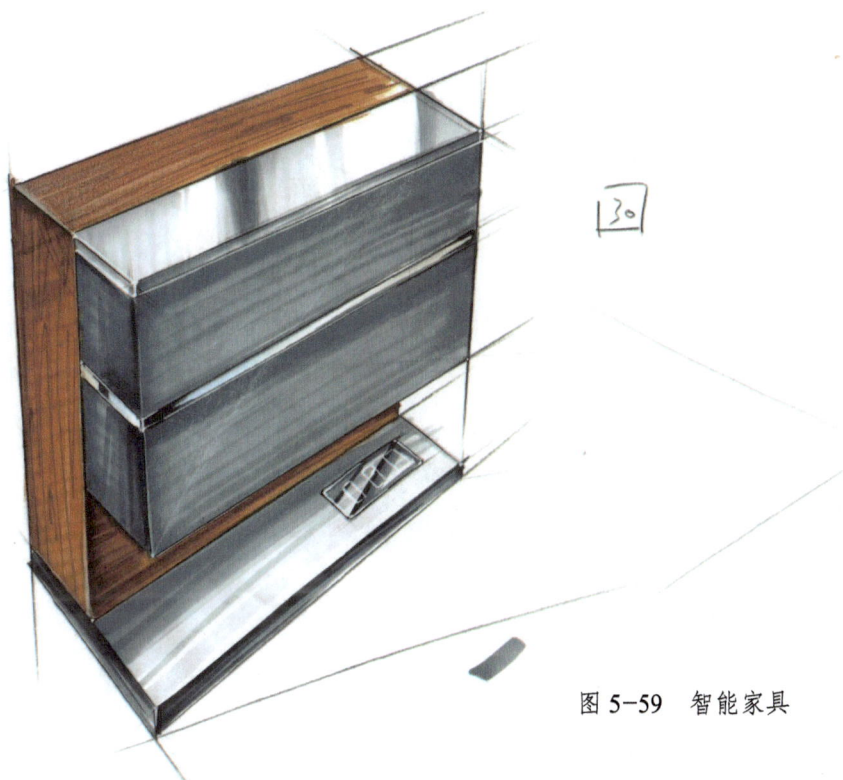

图 5-59　智能家具

案　例

13. 电子设备材质绘制（图5-60）。

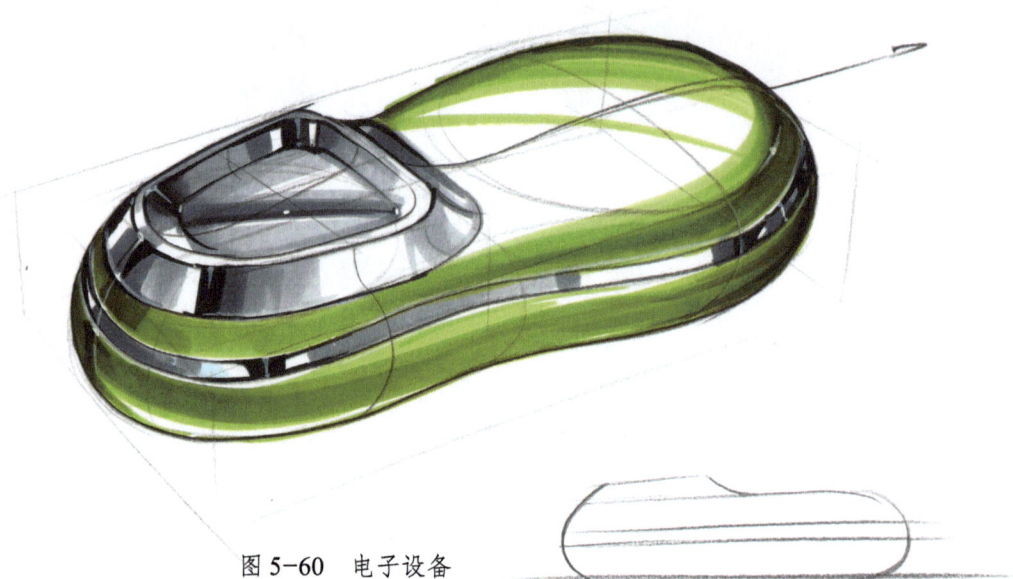

图5-60 电子设备

14. 音乐播放器材质绘制（图5-61）。

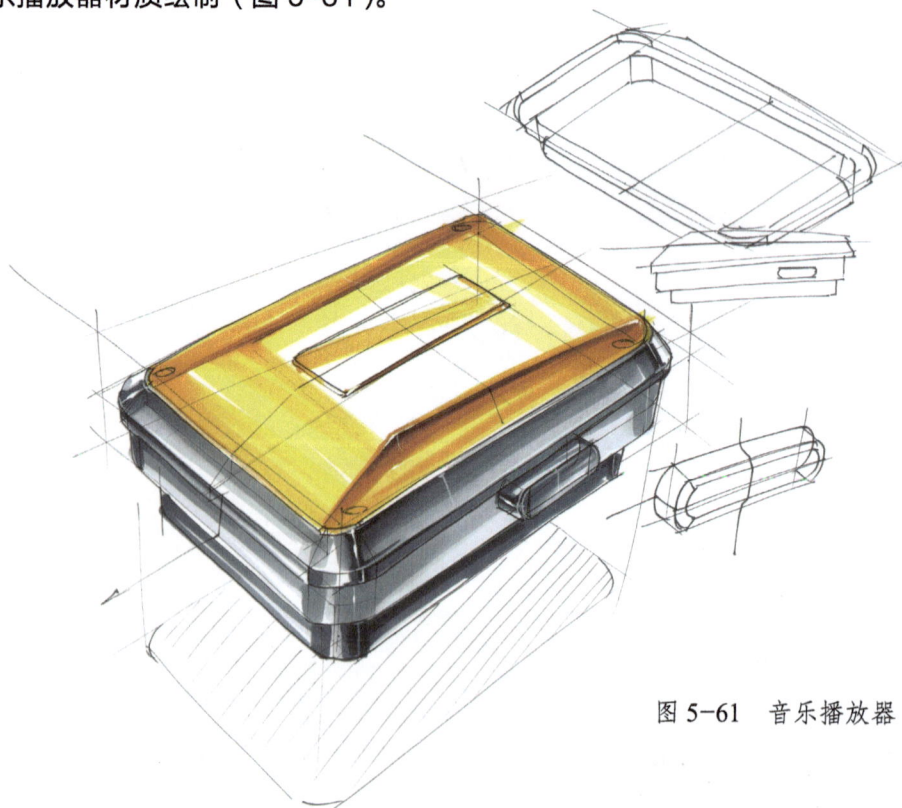

图5-61 音乐播放器

15. 电动工具配件材质绘制（图 5-62）。

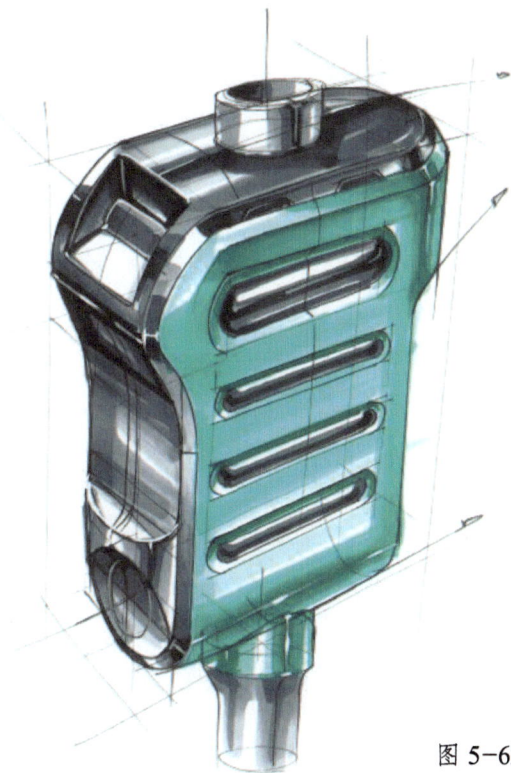

图 5-62　电动工具配件

16. 电子产品配件材质绘制（图 5-63）。

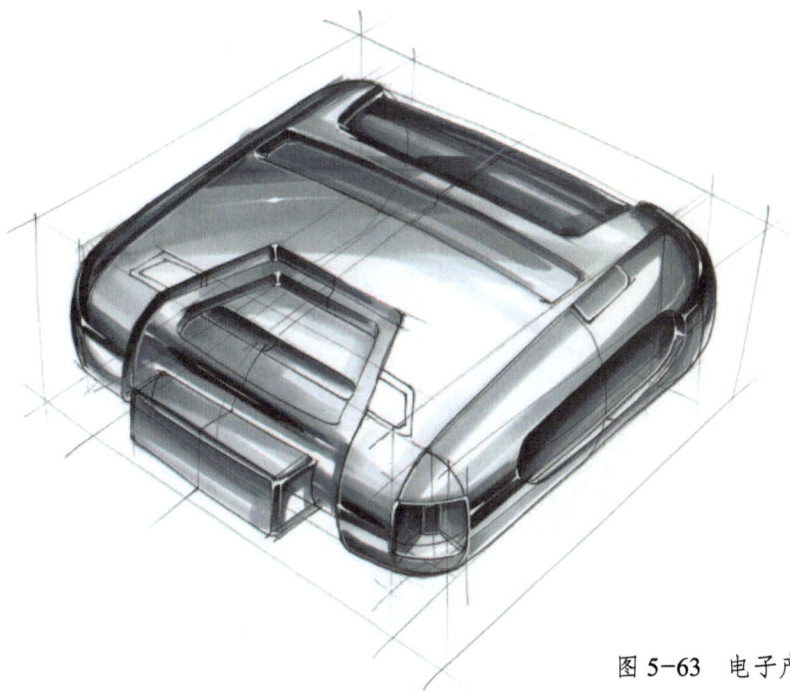

图 5-63　电子产品配件

17. 智能茶杯材质绘制（图 5-64）。

图 5-64　智能茶杯

18. 交通工具配件材质绘制（图 5-65）。

图 5-65　交通工具配件

19. 面包机材质绘制（图 5-66）。

图 5-66　面包机

20. 手持式美容仪材质绘制（图 5-67）。

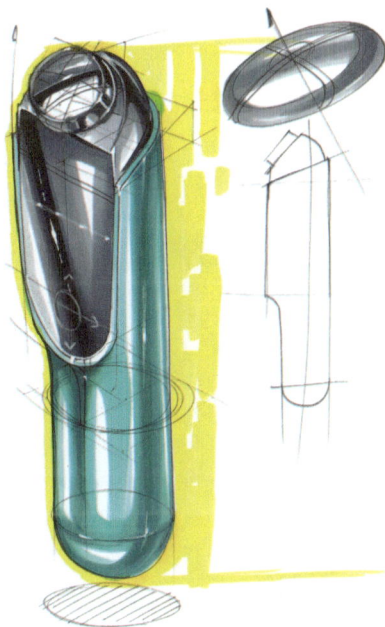

图 5-67　手持式美容仪

21. 投影仪材质绘制（图5-68）。

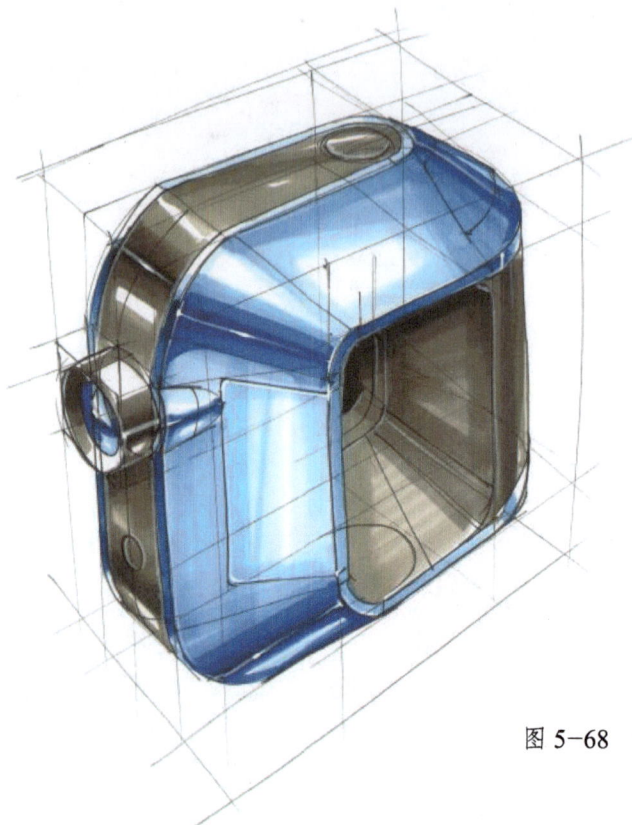

图5-68　投影仪

22. 智能检测终端材质绘制（图5-69）。

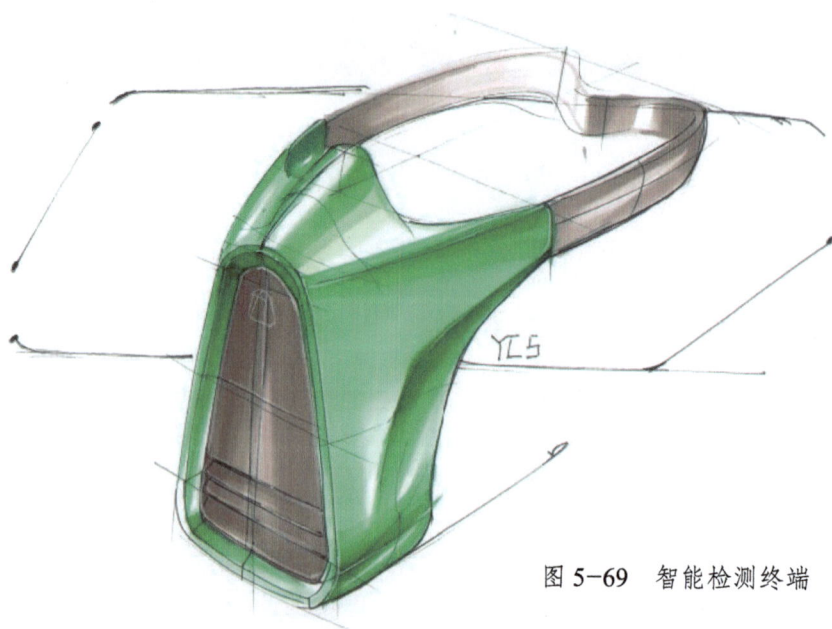

图5-69　智能检测终端

项目六

设计实务中的手绘应用

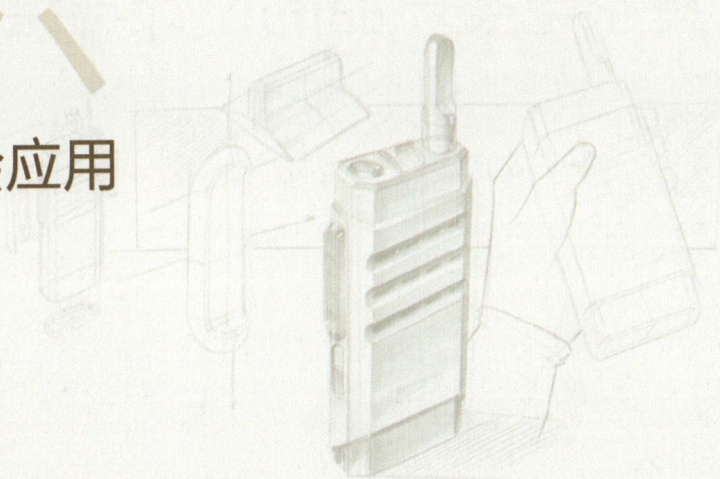

学习目标

理解并掌握不同类别产品的绘制技巧。

综合把握产品功能、形态、技术等基本要素。

技能目标

掌握色彩、材质的运用。

掌握效果图画面合理排版。

素质目标

培养学生审美能力以及对产品的观察能力。

提升学生分析问题和解决问题的能力。

培养学生综合能力和创新设计能力。

项目引入

本项目通过设计实务产品绘制方式的学习，引导学生加深对工业设计基础的
认识，提升学生的设计表现能力，培养学生的综合能力和创新设计能力。

任务一
家具家电类产品的设计与绘制

任务引入

在当下，重新设计产品造型将涉及高昂的开模费，成本上升也将增加市场风险，而从 CMF 角度切入设计的方式正逐渐成为当下家电产品的设计思维模式。

任务描述

通过对色彩及材质的学习，从 CMF 的角度来绘制家用小台灯以及家用烘鞋器，寻找合适的色彩、材质来表达产品的外观，再用效果图展现出整个产品。

任务实施

准备好 A3 或 A4 纸、马克笔、彩铅等，跟随视频 6-1 和视频 6-2，绘制家用小台灯和家用烘鞋器。

图 6-1　立体图

01	家　用 小台灯

视频 6-1　家用小台灯

步骤 01　绘制立体图，完善细节（图 6-1）

步骤 02　绘制其他视角的立体图（图6-2）

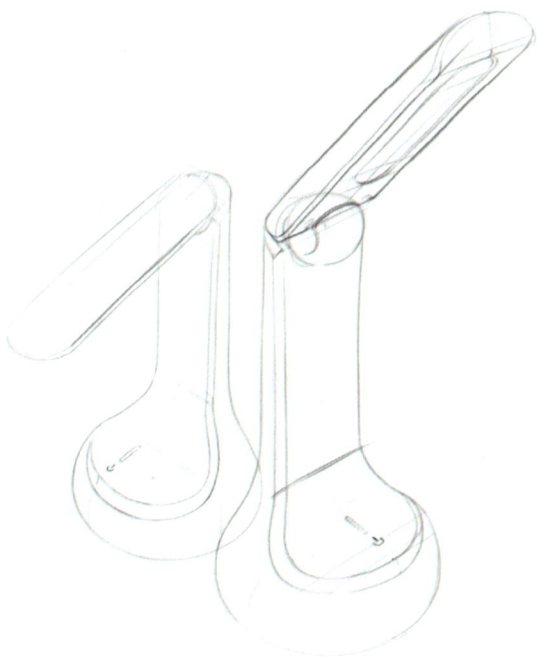

步骤 03　绘制产品细节及操作方式（图6-3）

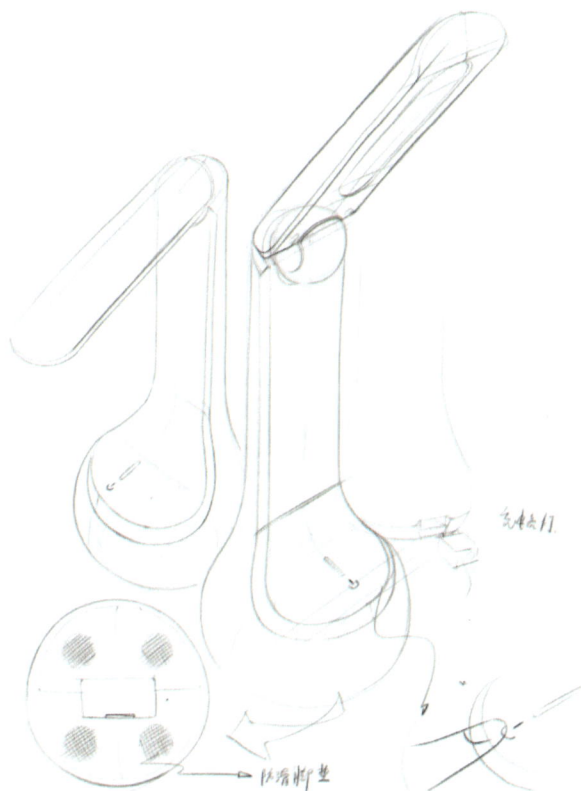

图 6-2　其他视角立体图

步骤 04　整合版面，绘制最终效果（图6-4）

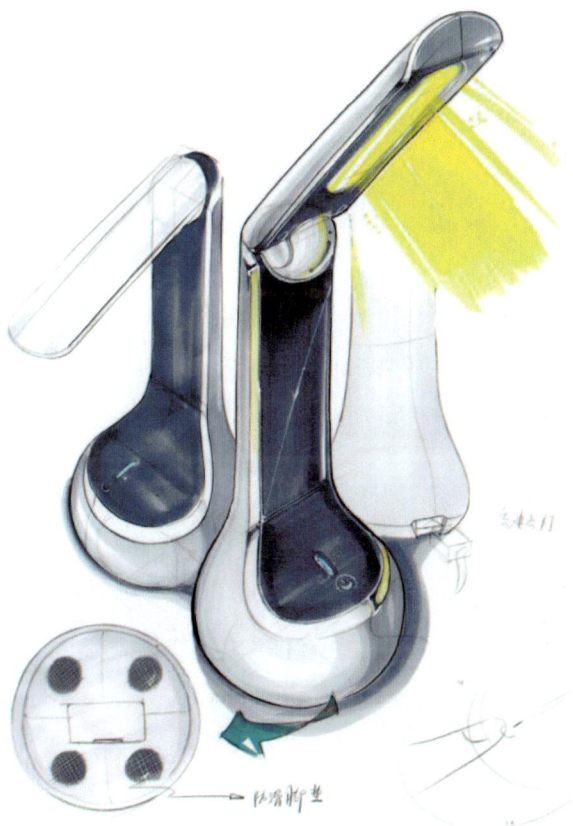

图 6-3　家用小台灯版面图

图 6-4　家用小台灯效果图

02 家 用 烘鞋器

步骤 01 绘制立体图，完善细节（图 6-5）

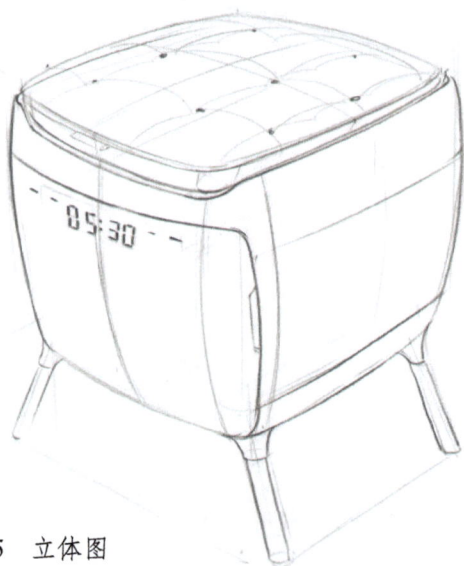

图 6-5 立体图

步骤 02 绘制产品细节图、使用方式图及原理示意图（图 6-6）

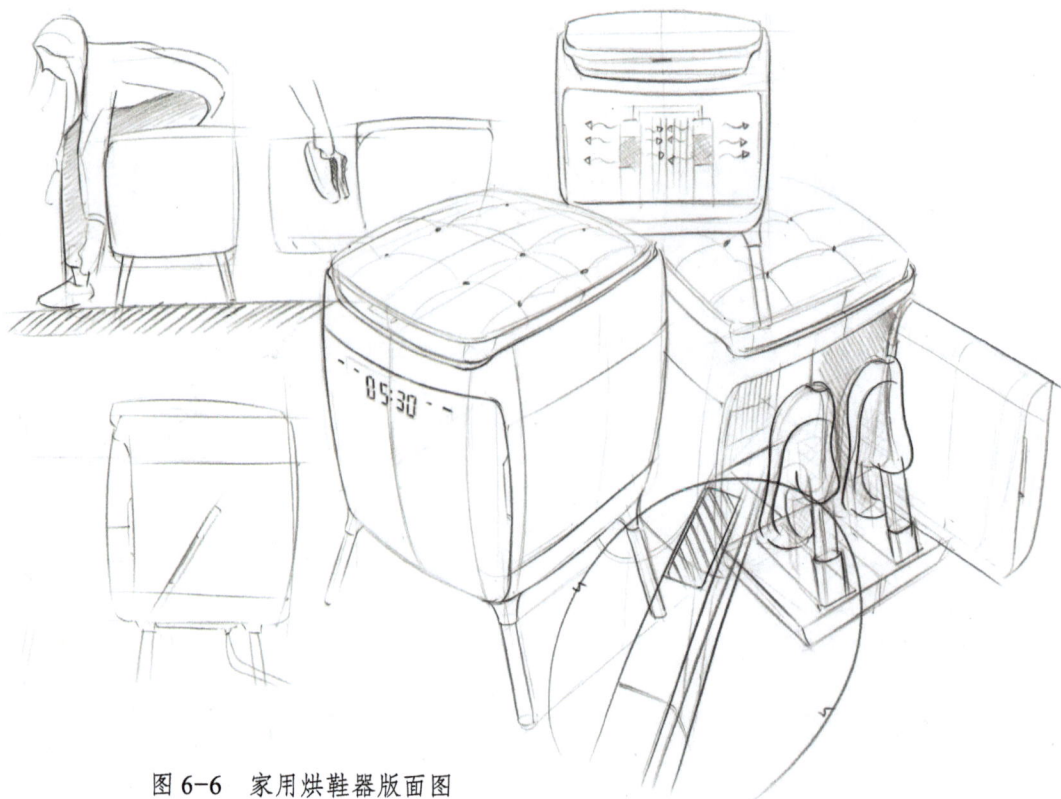

图 6-6 家用烘鞋器版面图

步骤 **03**　对主体物进行上色（图6-7）

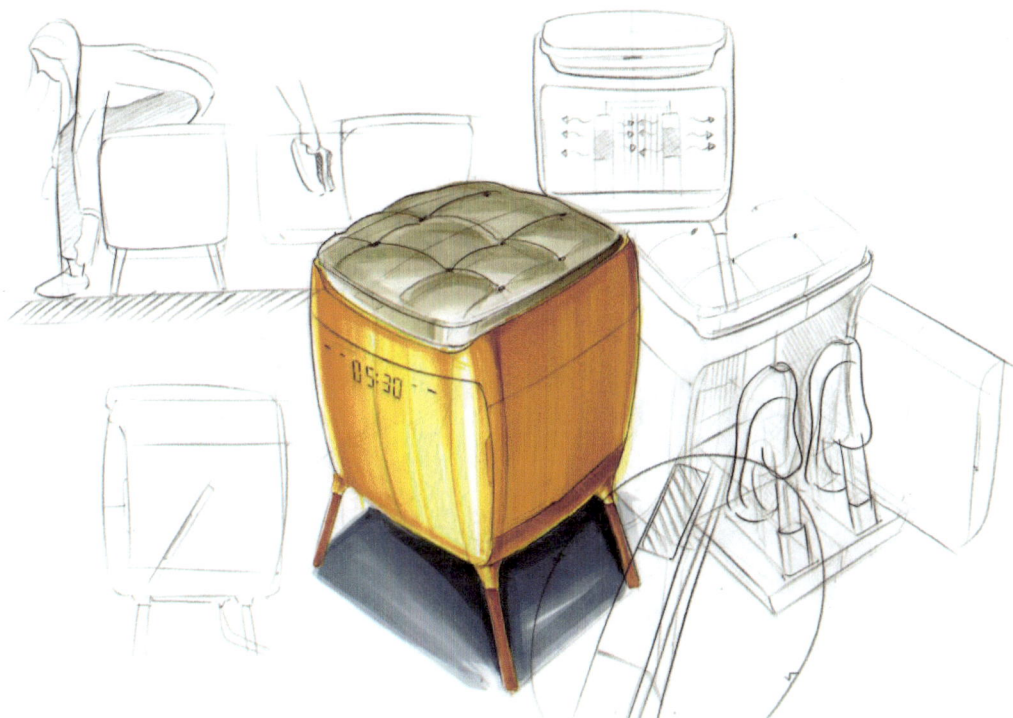

图 6-7　主体着色

步骤 **04**　整合版面，进行局部上色（图6-8）

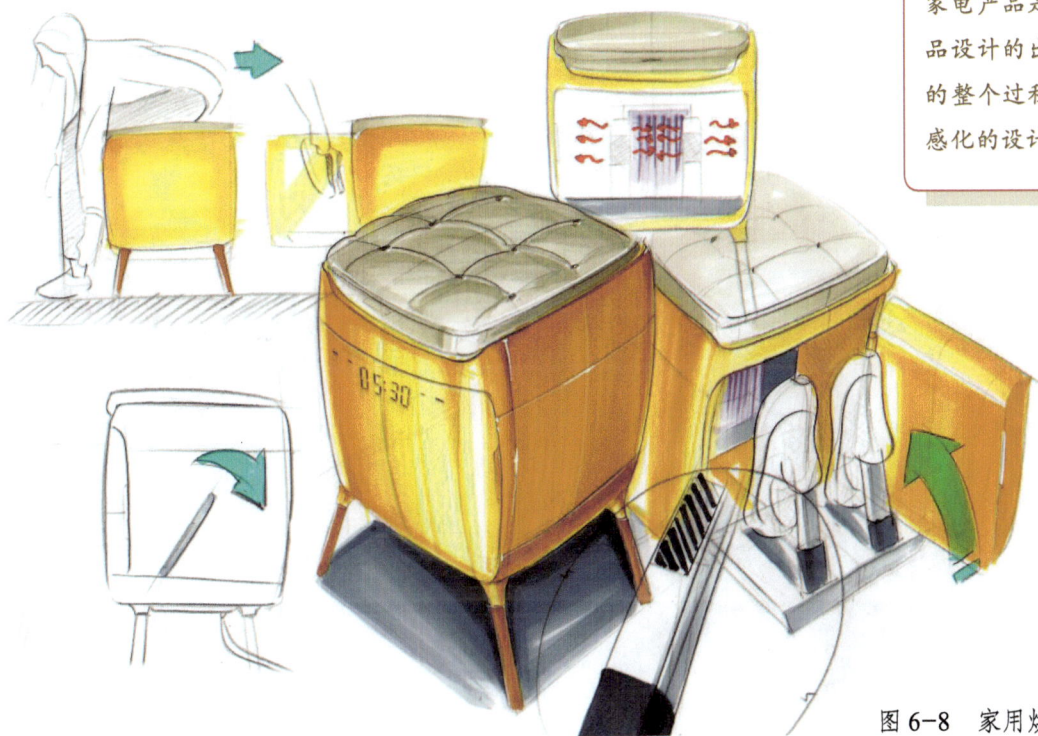

Tips

为人们提供使用简便舒适的家电产品是我们进行家电产品设计的出发点。应在设计的整个过程贯彻人性化、情感化的设计理念。

图 6-8　家用烘鞋器效果图

1. 家用泡茶机的版面布局及上色处理（图6-9）。

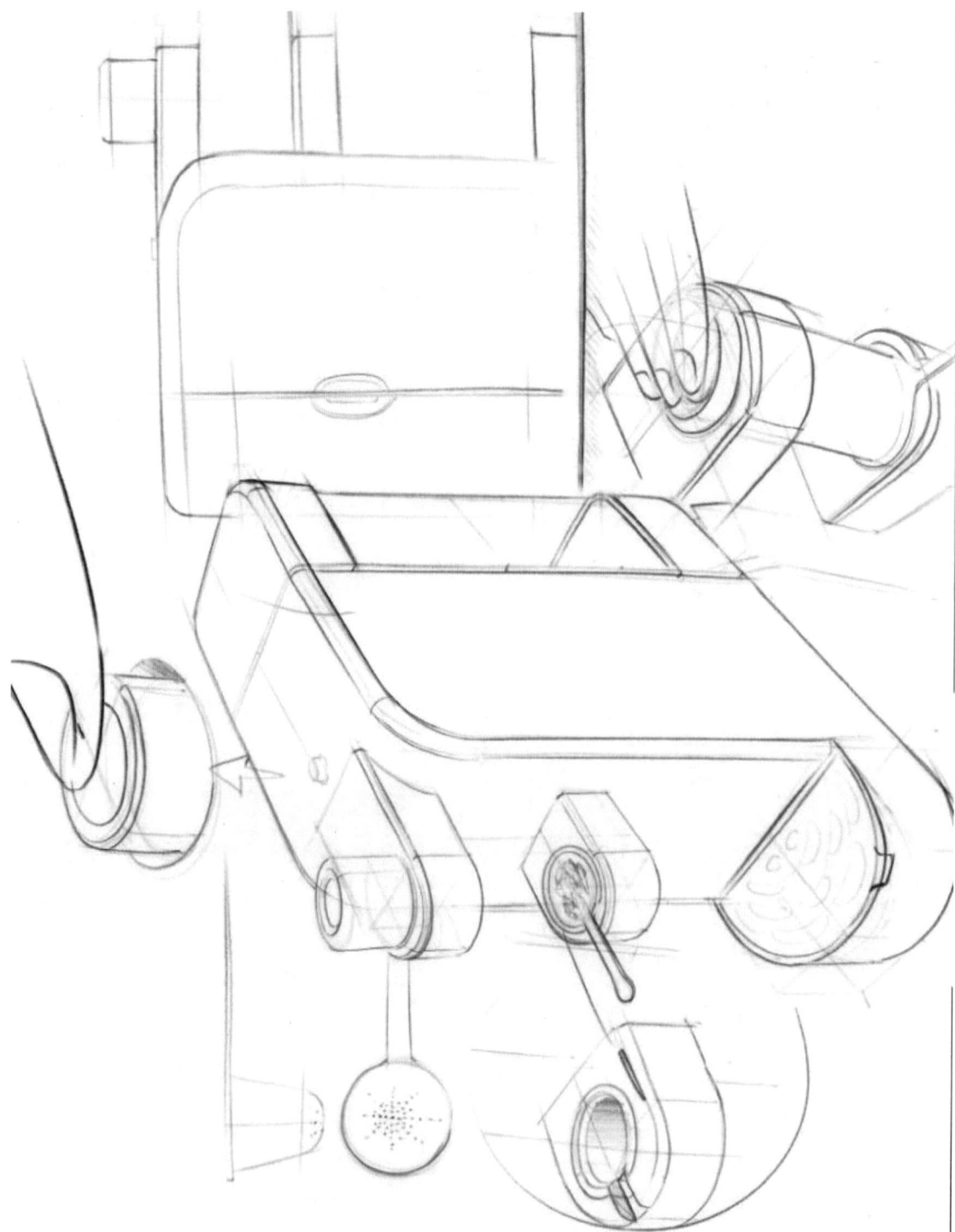

图 6-9　家用泡茶机版面图

2. 家用熨斗的版面布局及上色处理（图6–10）。

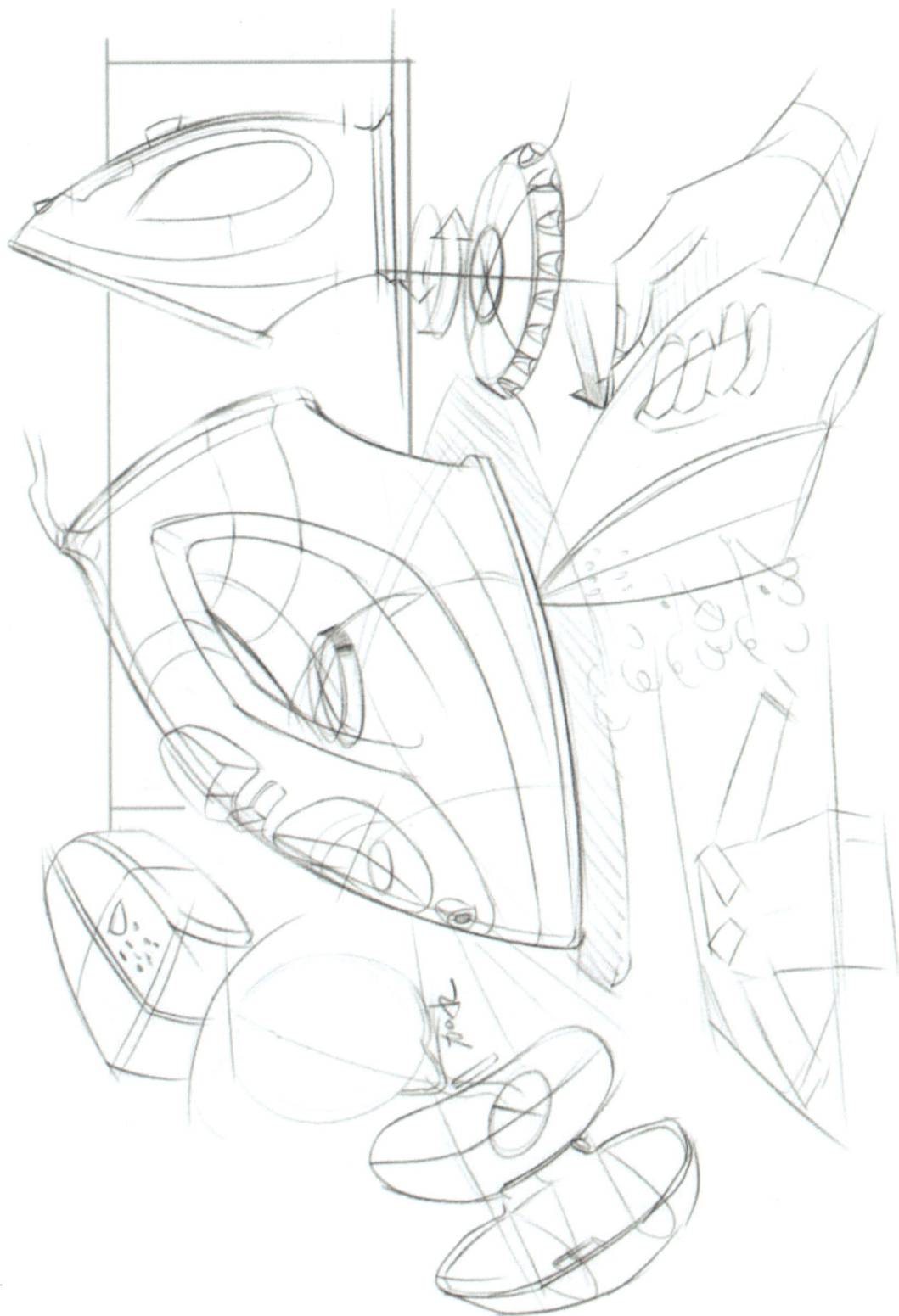

图6–10 家用熨斗版面图

3. 暖风机的版面布局及上色处理（图 6-11）。

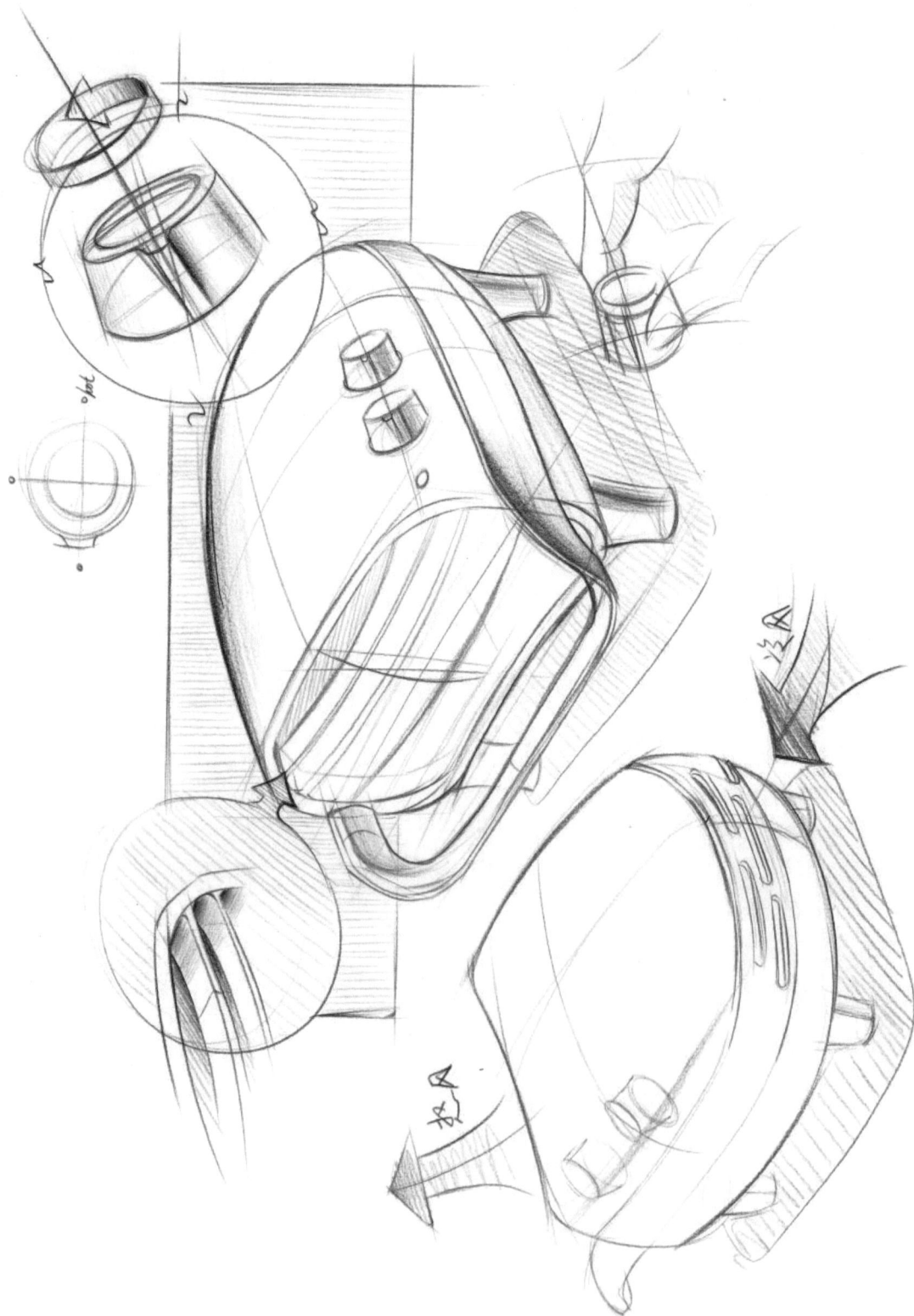

图 6-11　暖风机设计版面图

4. 手持熨烫机的版面布局及上色处理（图6-12）。

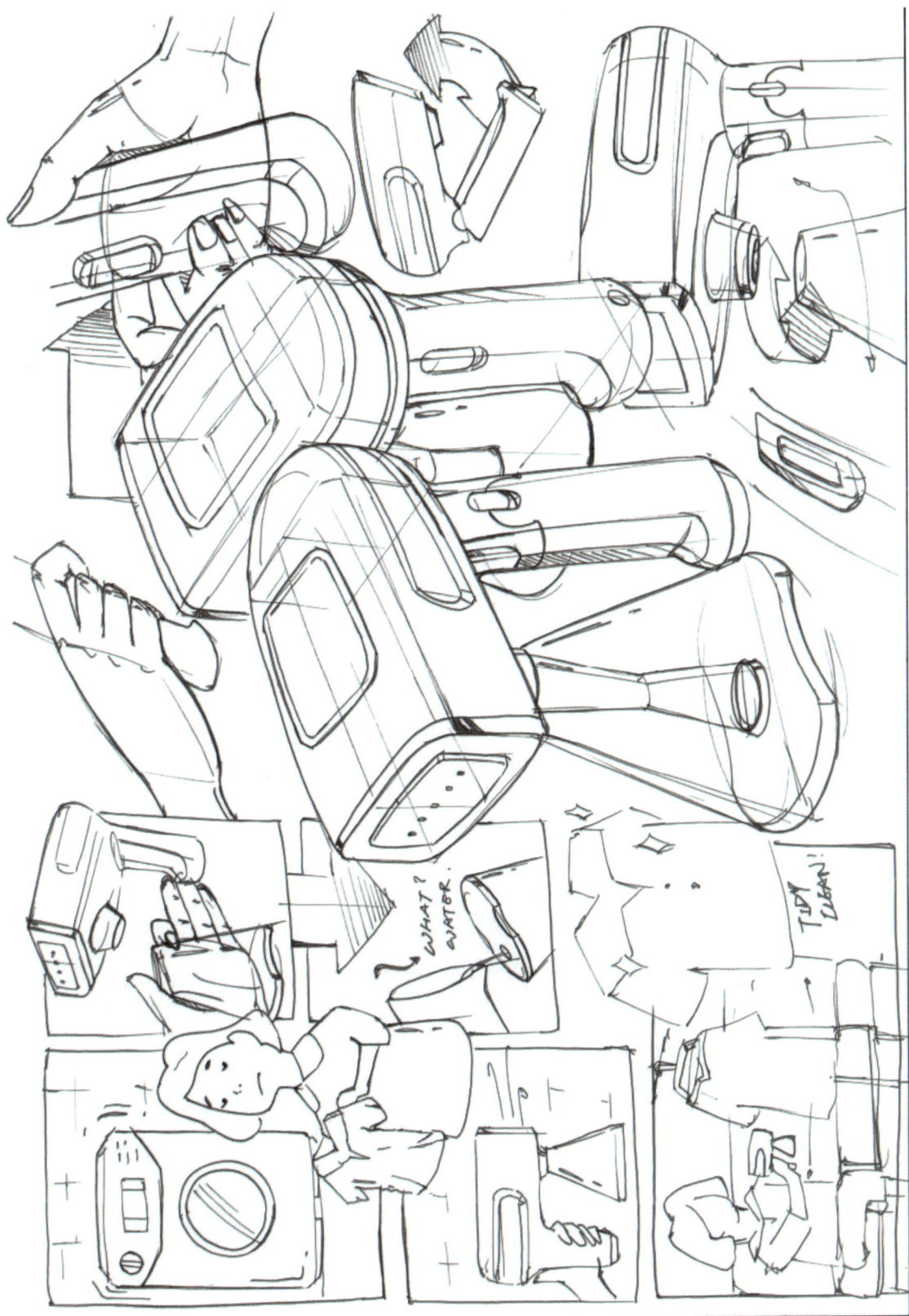

图 6-12 手持熨烫机版面图

练一练

任务二
电子类产品的设计与绘制

任务引入

当下，越来越多具有敏锐洞察力的设计师，在方案设计之初先从 CMF 角度进行发散性思考，试图通过一条新颖的途径探索产品设计的更多可能性，以避免市面上电子产品同质化严重的问题。这种从设计前端着眼的方式，尽可能让产品除去同质化的印记，在众多的产品中脱颖而出，也能够帮助设计师形成鲜明的个人设计风格。

任务描述

查找相似的电子类产品，分析电子产品的构造、色彩搭配以及材质的选择，绘制产品版面效果图。

任务实施

准备好 A3 或 A4 纸、马克笔、彩铅等，跟随视频 6-3 和视频 6-4，进行电子灭蚊灯、计算机摄像头以及无线对讲机的版面设计与绘制。

01 电 子
灭蚊灯

步骤 01 绘制立体图，确定主效果图（图 6-13）

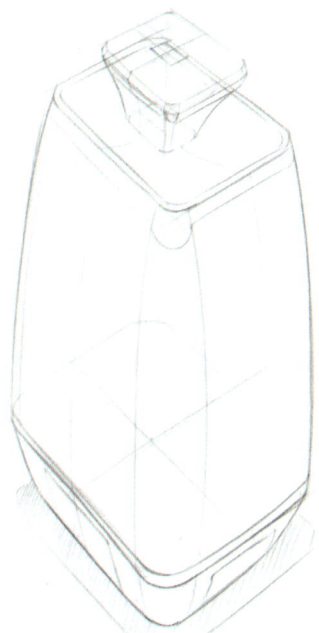

图 6-13　立体图

步骤 02 绘制产品细节图、使用方式图、应用场景图及爆炸图（图 6-14）

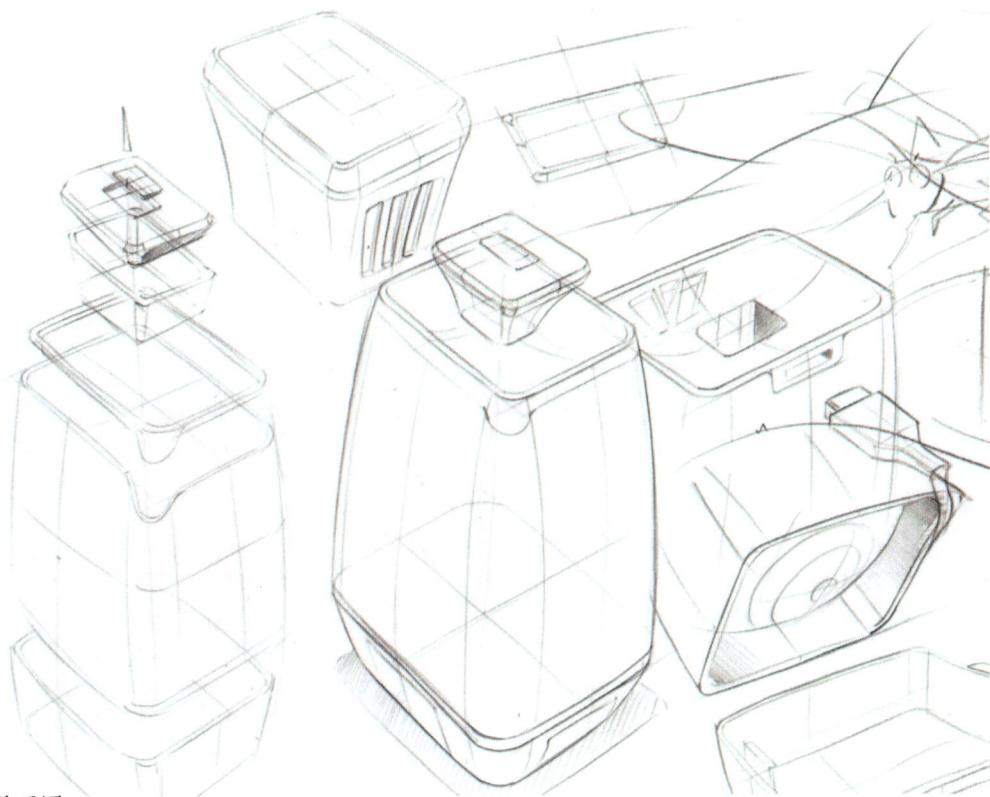

图 6-14　电子灭蚊灯版面图

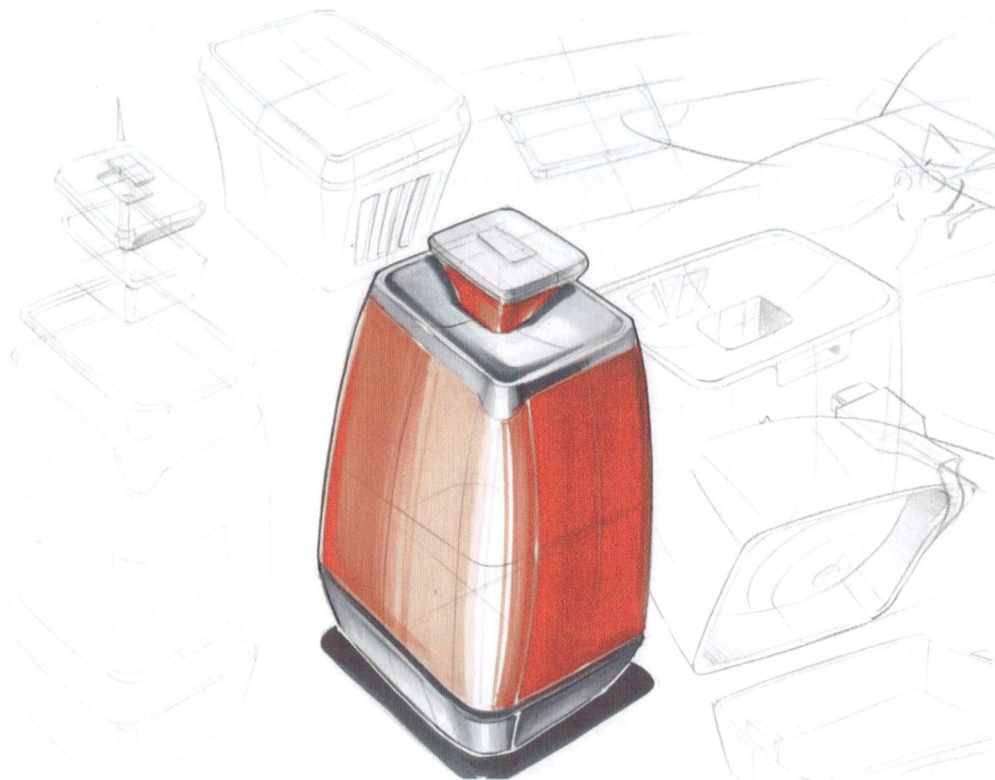

图 6-15　刻画主体物

步骤 04　整合版面，进行局部上色（图 6-16）

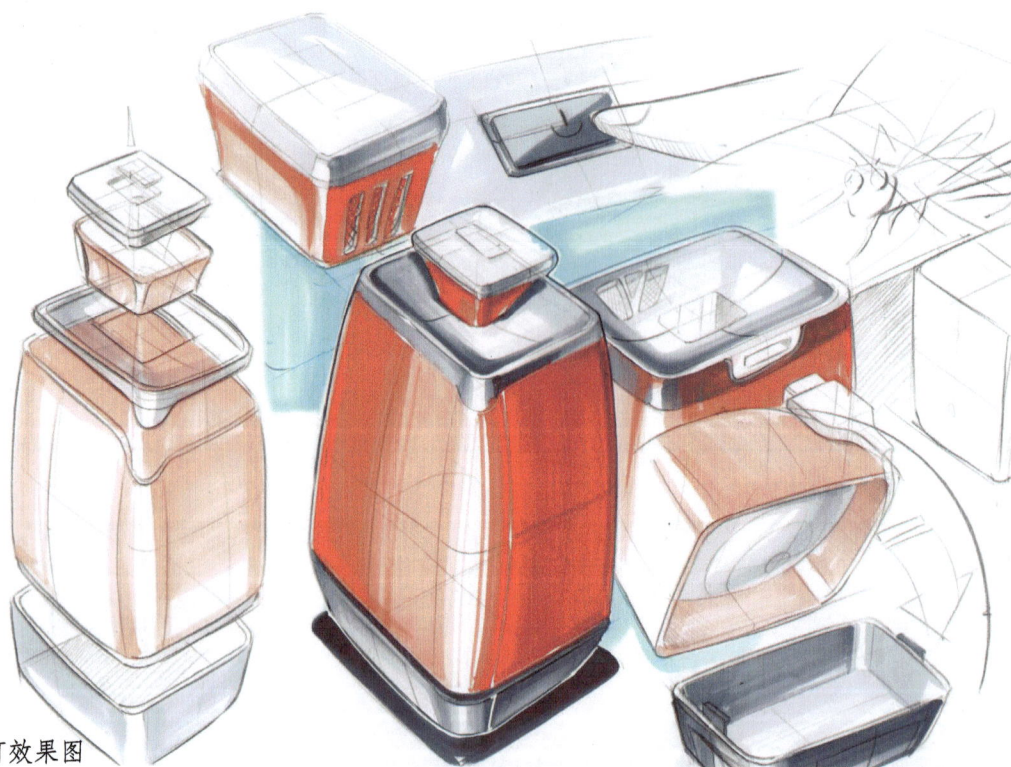

图 6-16　电子灭蚊灯效果图

02 计算机摄像头

步骤 01　绘制版面线稿，对主体物以及爆炸图进行细节绘制（图 6-17）

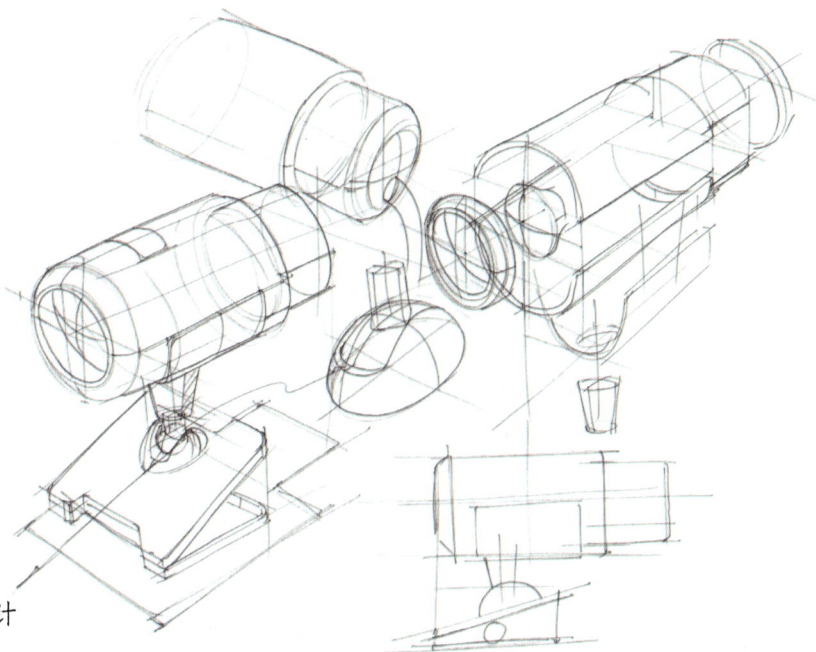

图 6-17　版面设计

步骤 02　对主体物进行上色（图 6-18）

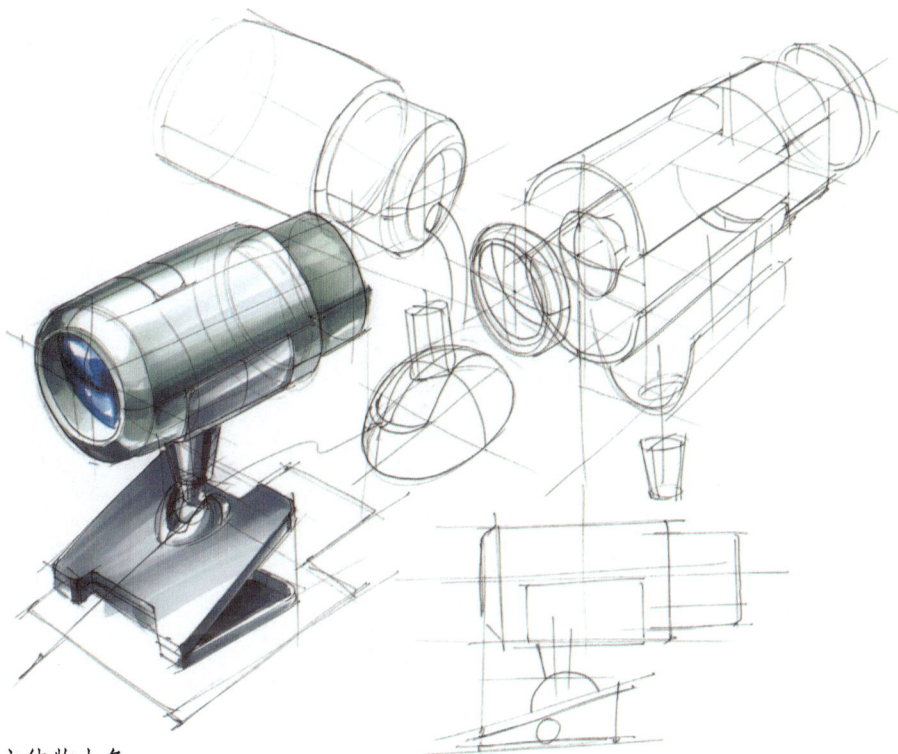

图 6-18　主体物上色

对爆炸图以及其他视图进行上色（图6-19）

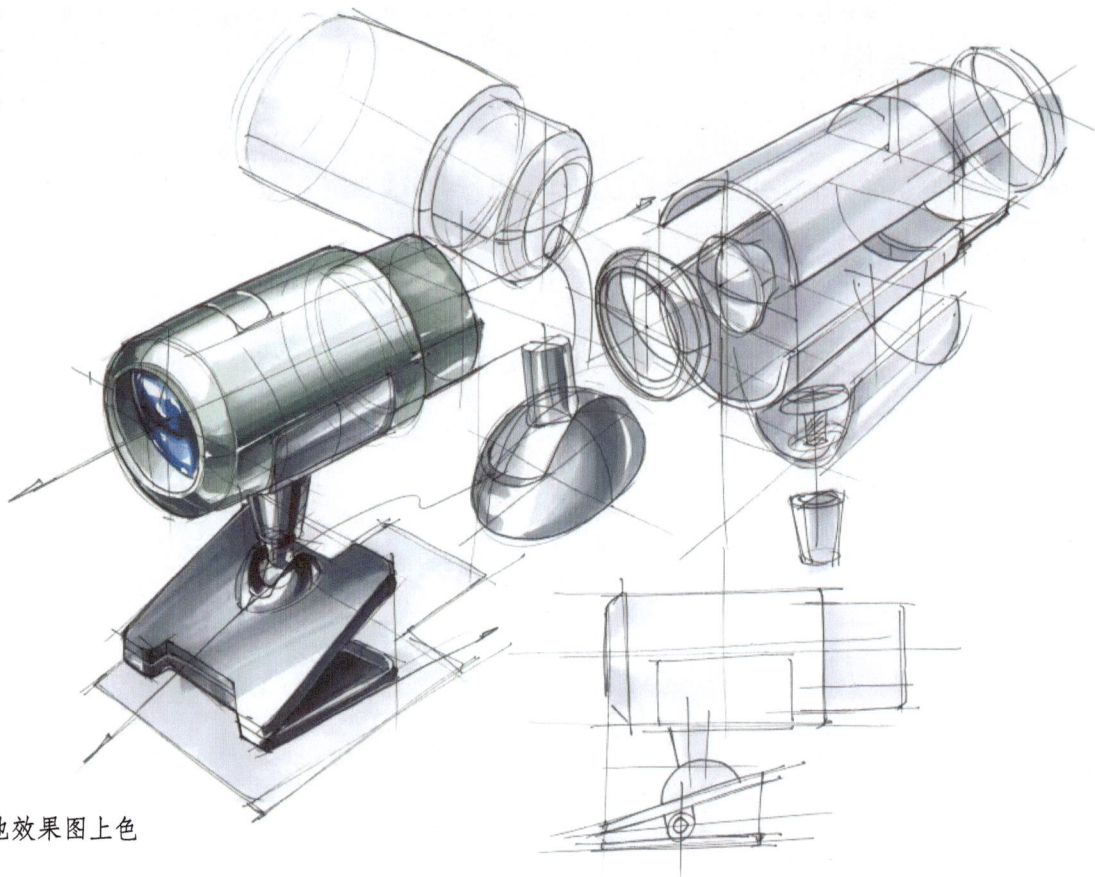

图 6-19　其他效果图上色

步骤 04 **补充使用图，丰富版面效果（图6-20）**

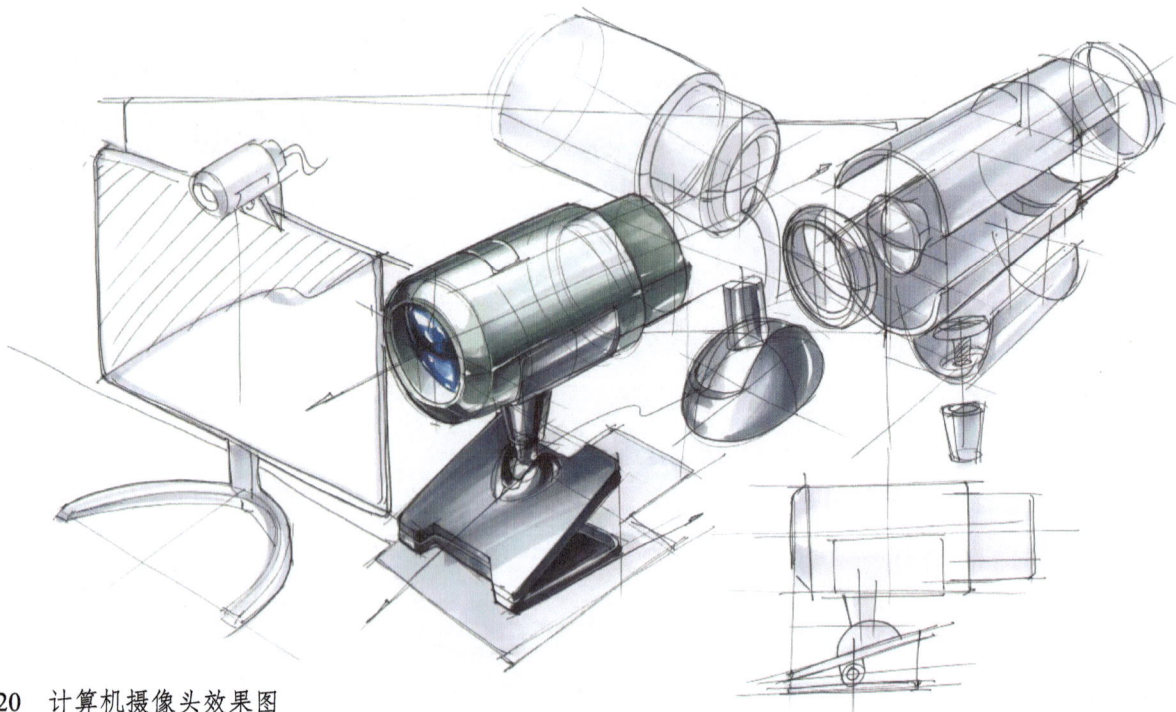

图 6-20　计算机摄像头效果图

03 无 线
对讲机

步骤 01 绘制立体图，确定主效果图（图6-21）

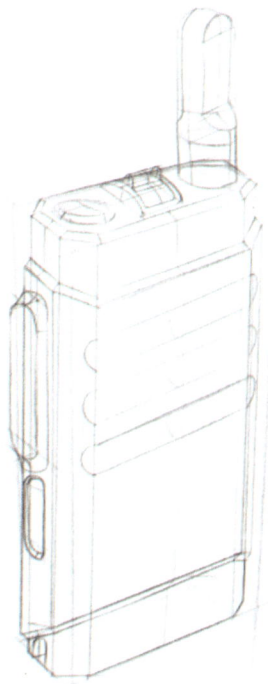

图 6-21　对讲机立体图

步骤 02 绘制产品细节图、使用方式图、应用场景图及爆炸图（图6-22）

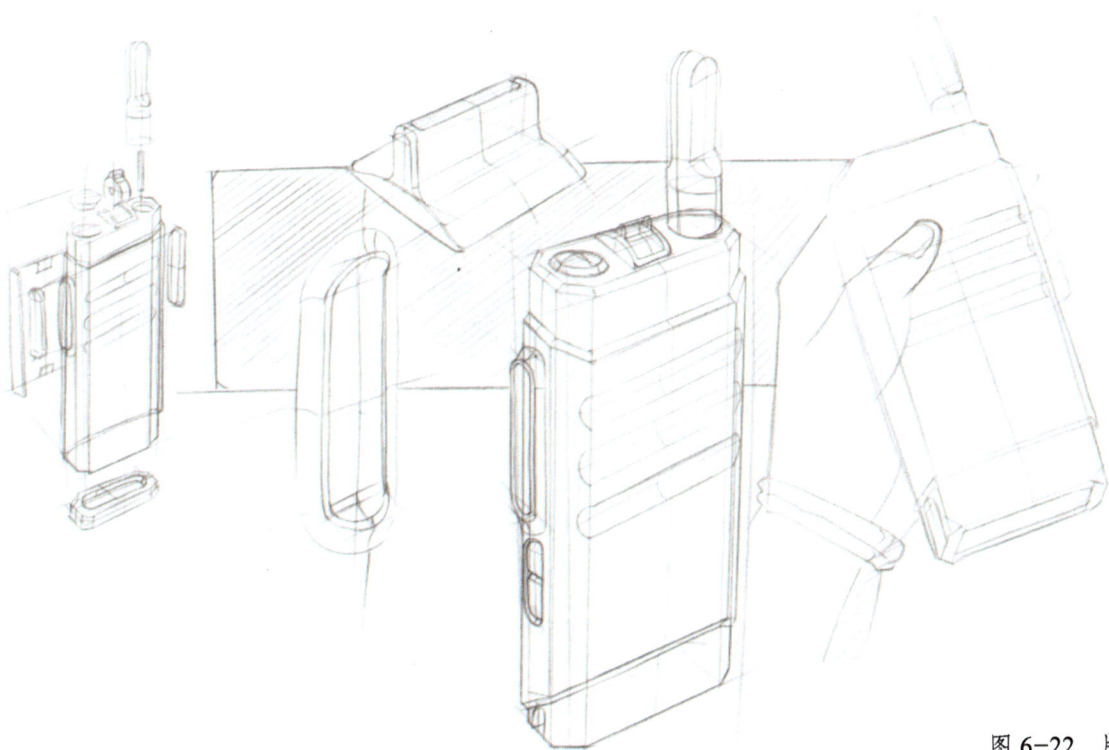

图 6-22　版面设计

步骤 **03**　对主体物进行详细刻画（图 6-23）

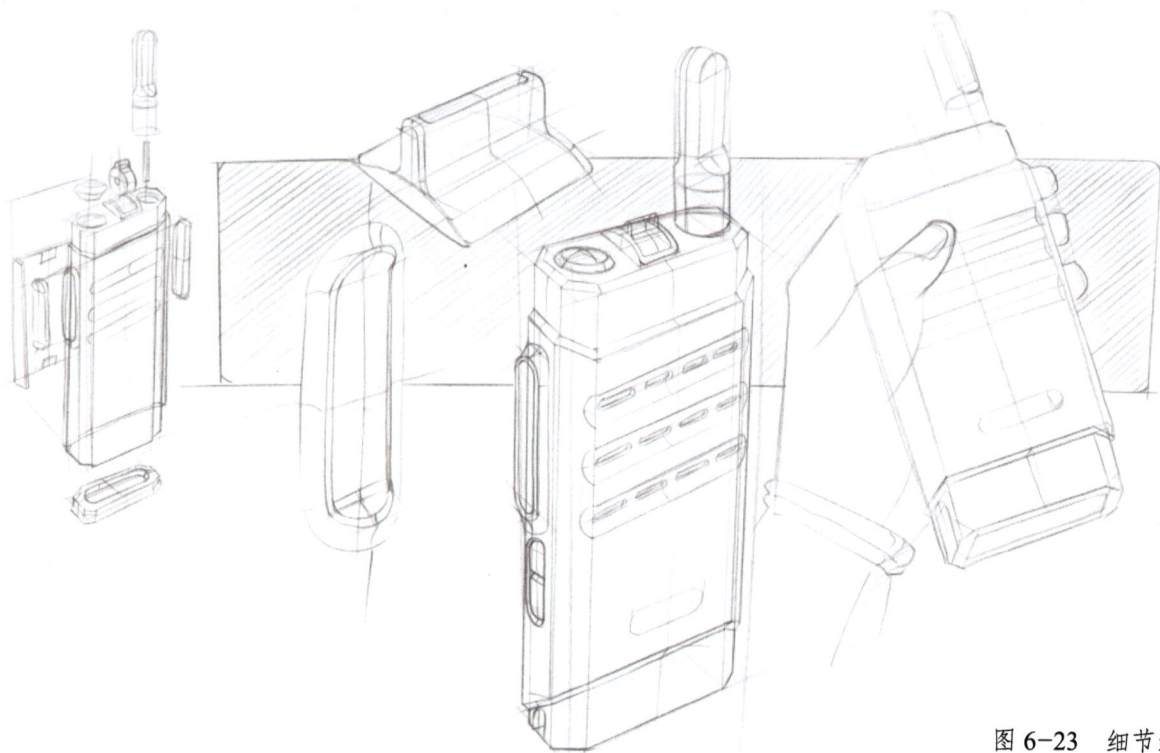

图 6-23　细节绘制

步骤 **04**　整合版面，进行局部上色（图 6-24）

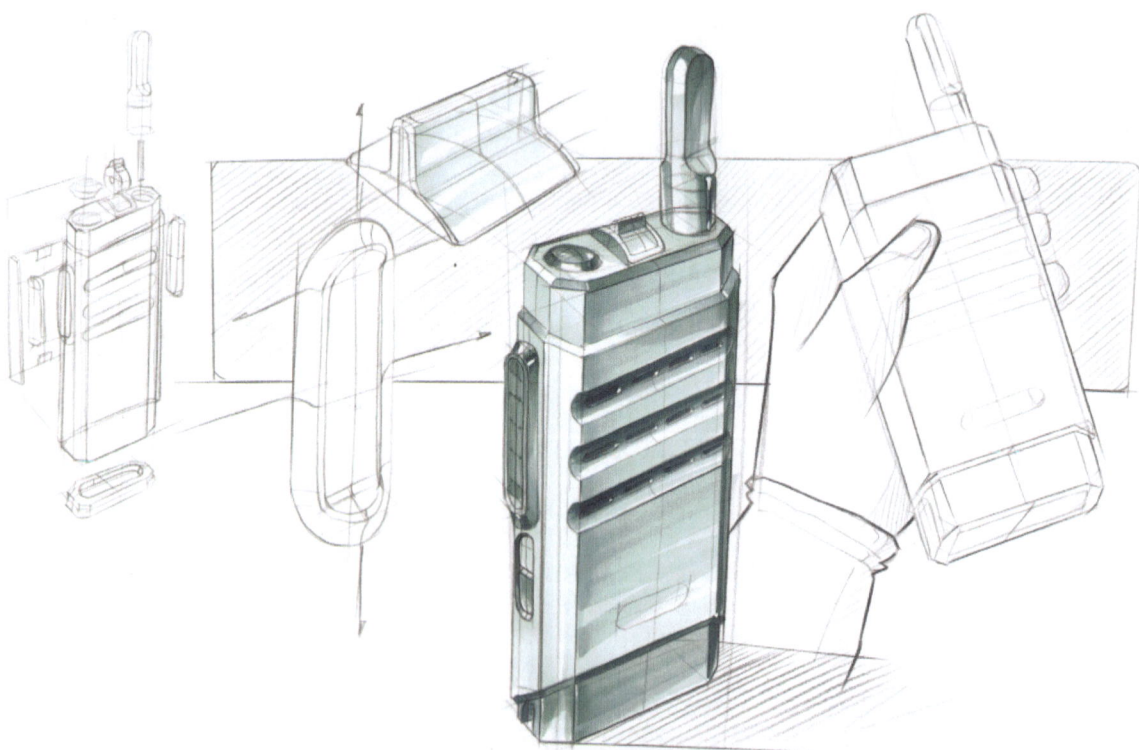

图 6-24　局部上色

拓展练习

1. 投影仪的版面布局及上色处理（图6-25）。

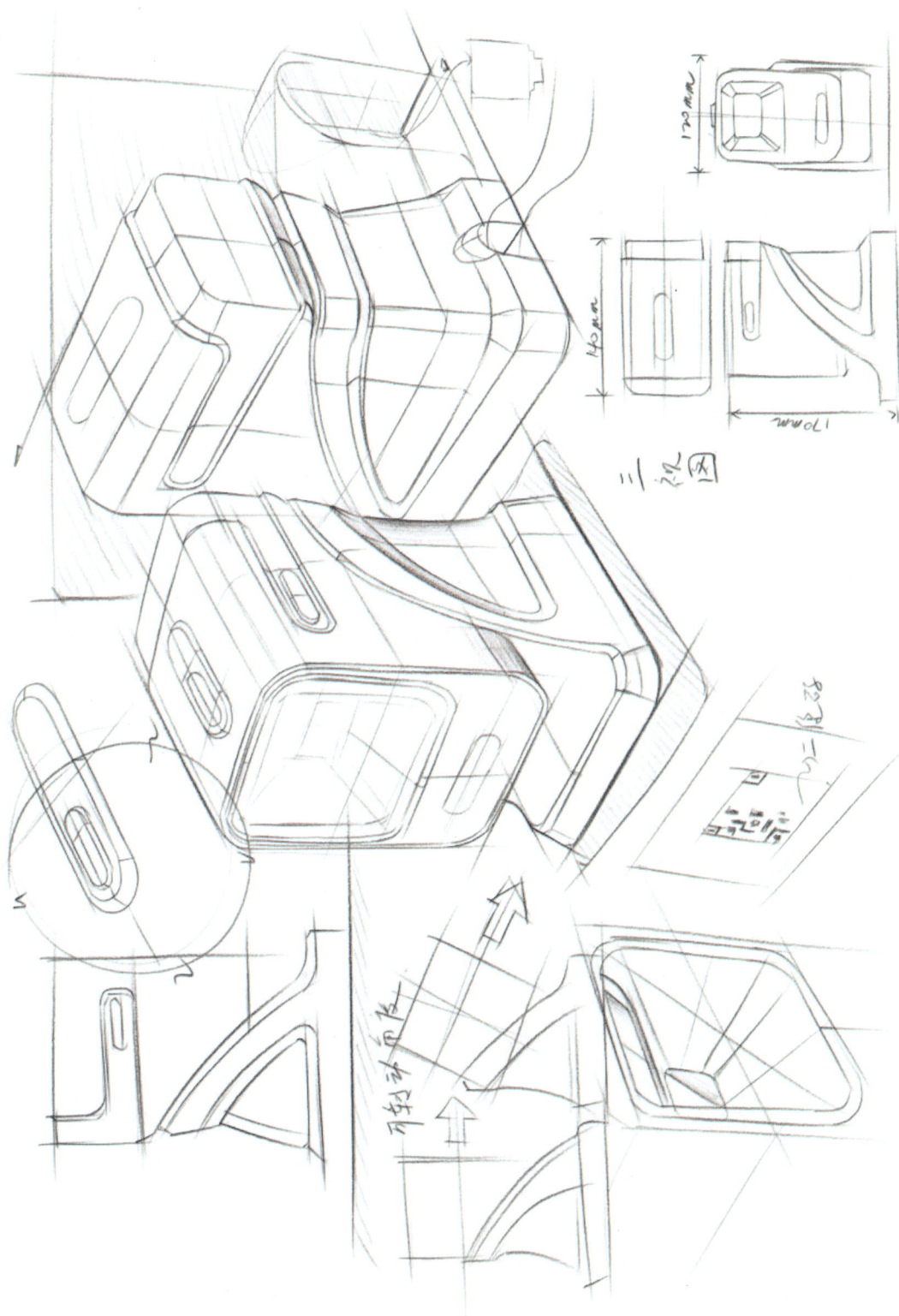

图6-25　投影仪版面图

练一练

项目六 | 设计实务中的手绘应用　143

2. 执法仪的版面布局及上色处理（图 6-26）。

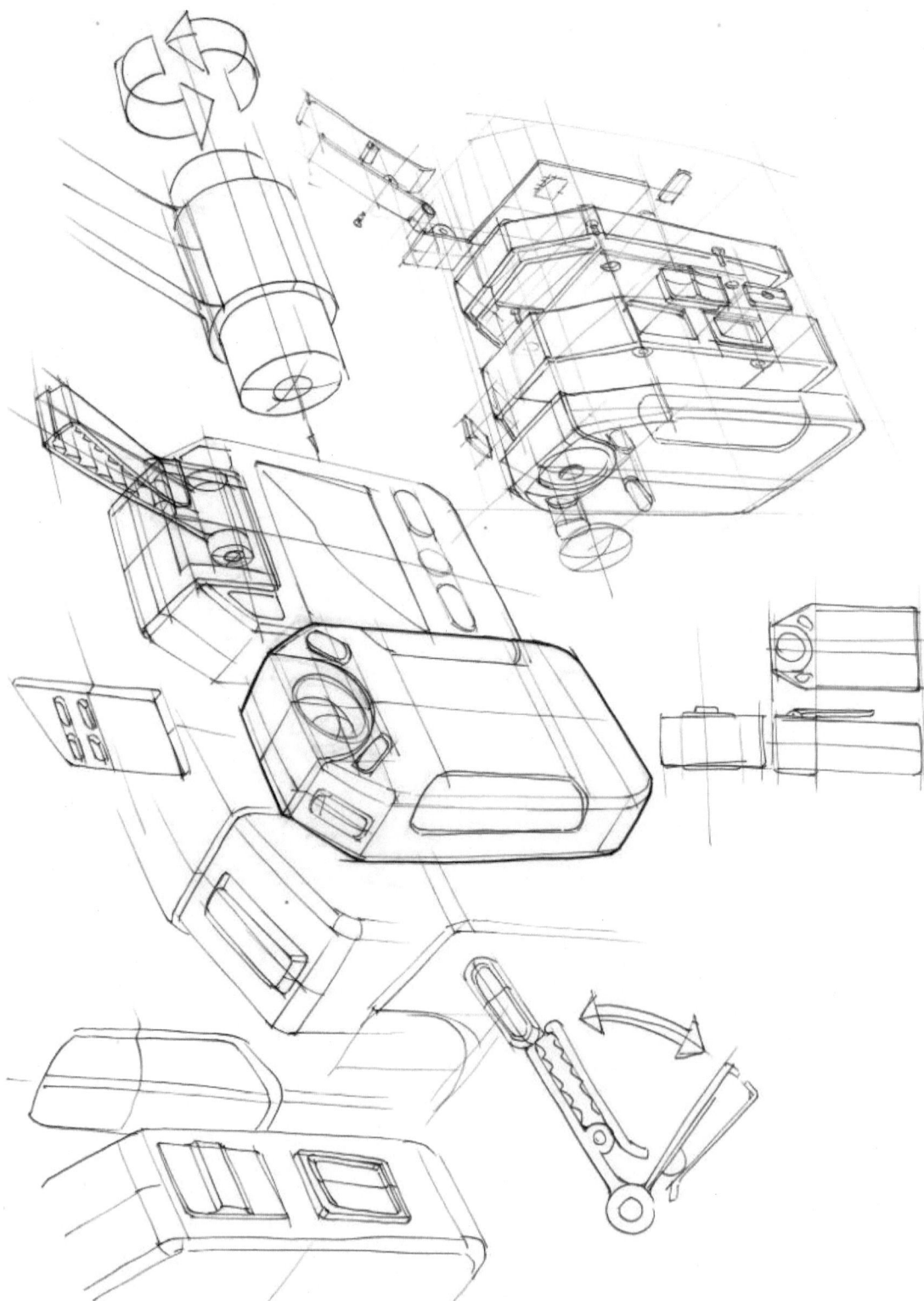

图 6-26 执法仪版面图

3. 数码相机设计的版面布局及上色处理（图6–27）。

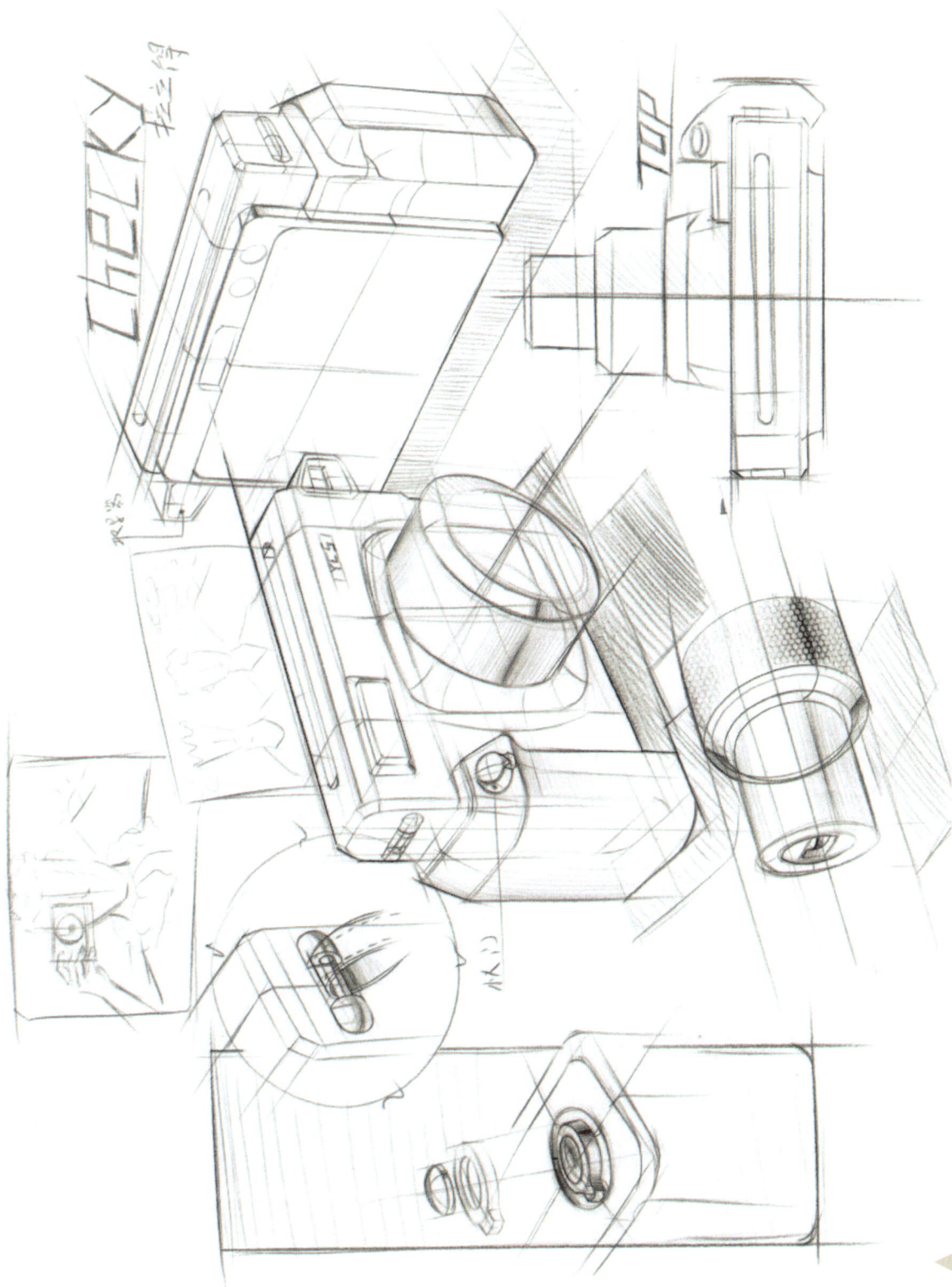

图 6–27　数码相机版面图

1. 电子产品置物架的版面布局及上色处理（图 6-28 ）。

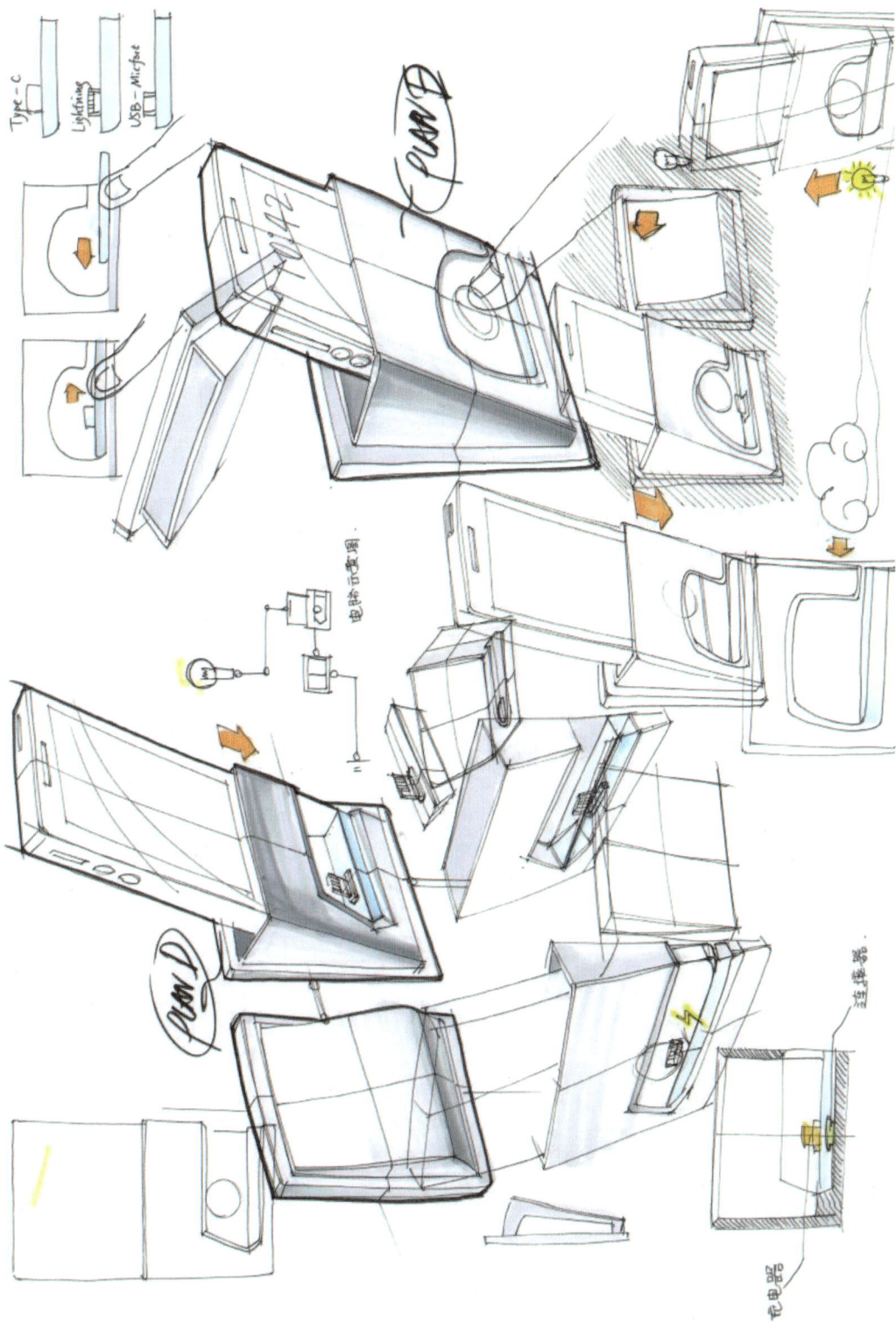

图6-28 电子产品置物架版面图

b）

案 例

2. 深度睡眠智能耳机的版面布局及上色处理（图 6-29）。

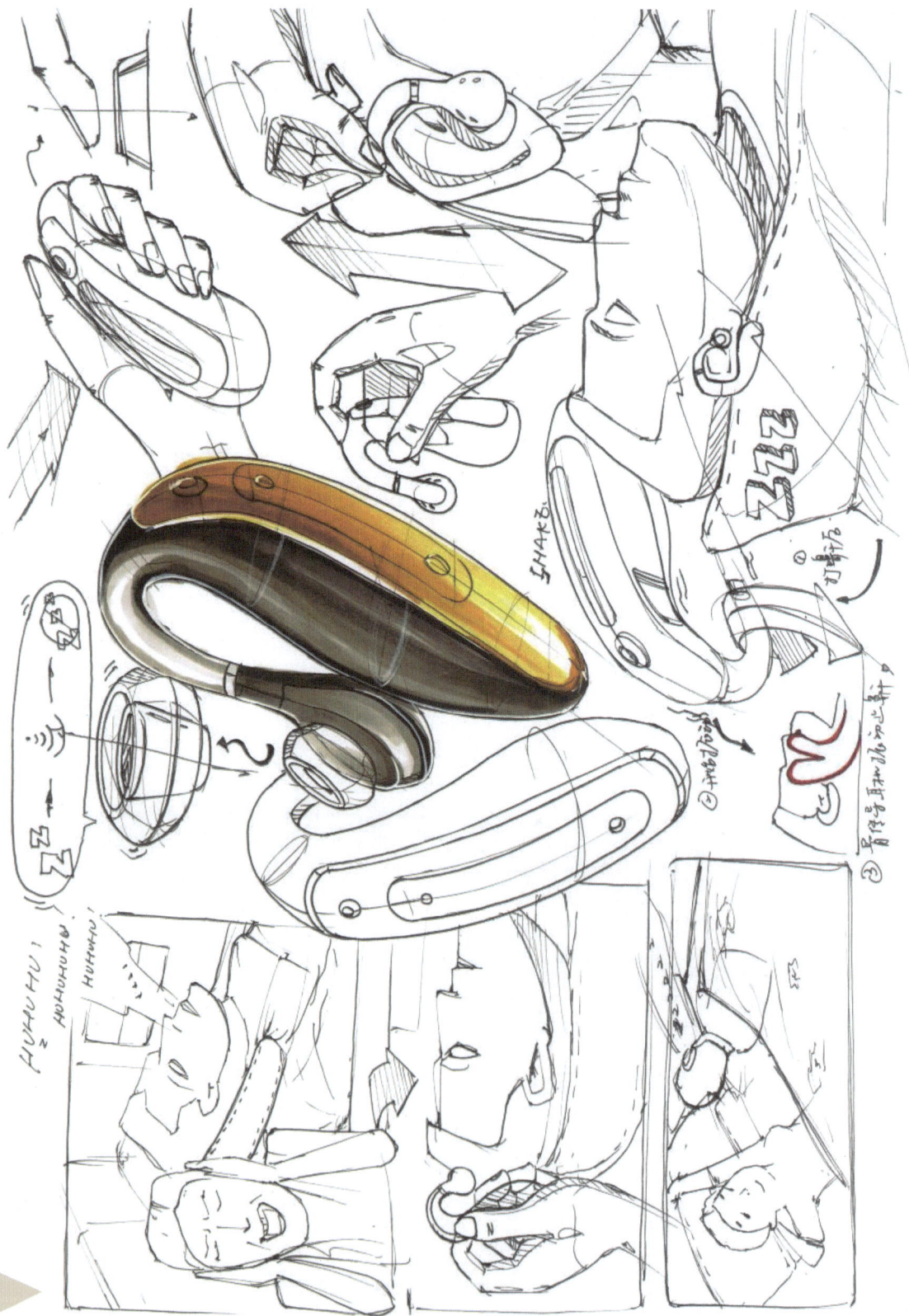

图 6-29 深度睡眠智能耳机版面图

任务三
手持工具类产品的设计与绘制

任务引入

手持工具类产品作为常用的用品之一，其手柄是设计的重要部分，手柄的风格决定手持工具的风格，更重要的是其展现出的承载主要功能的要素。

任务描述

手持筋膜枪设计表达。

手持吹风机设计表达。

手握式订书机设计表达。

任务实施

准备好 A3 或 A4 纸、马克笔、彩铅等，跟随视频 6-5 和视频 6-6，绘制手持筋膜枪、手握式订书机以及手持吹风机的版面设计。

步骤 01 绘制立体图,注意把手处的人机比例(图 6-30)

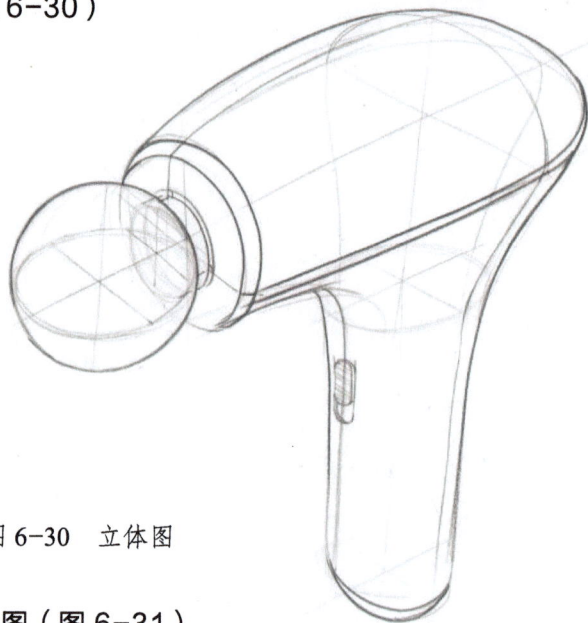

图 6-30 立体图

步骤 02 绘制产品细节图、使用方式图及功能示意图(图 6-31)

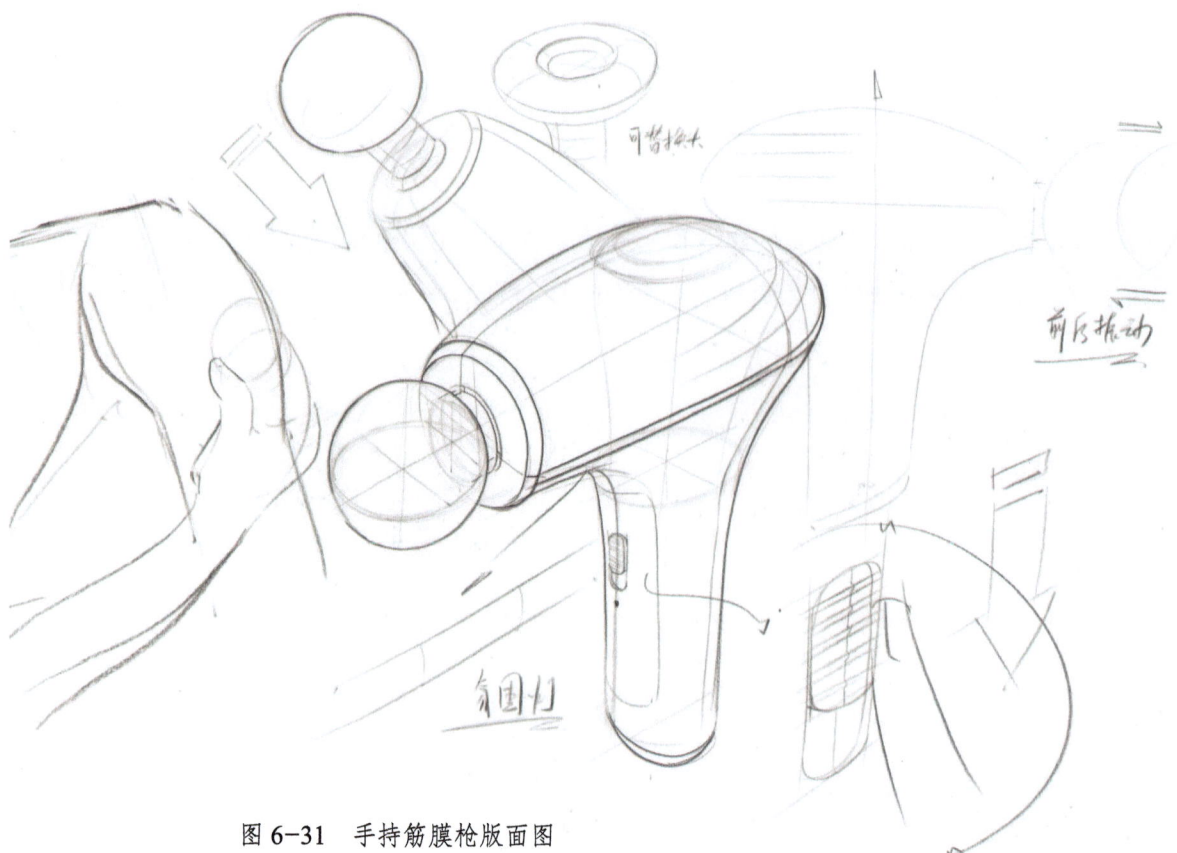

图 6-31 手持筋膜枪版面图

步骤 **03** 对主体物进行详细刻画，区分材质（图6-32）

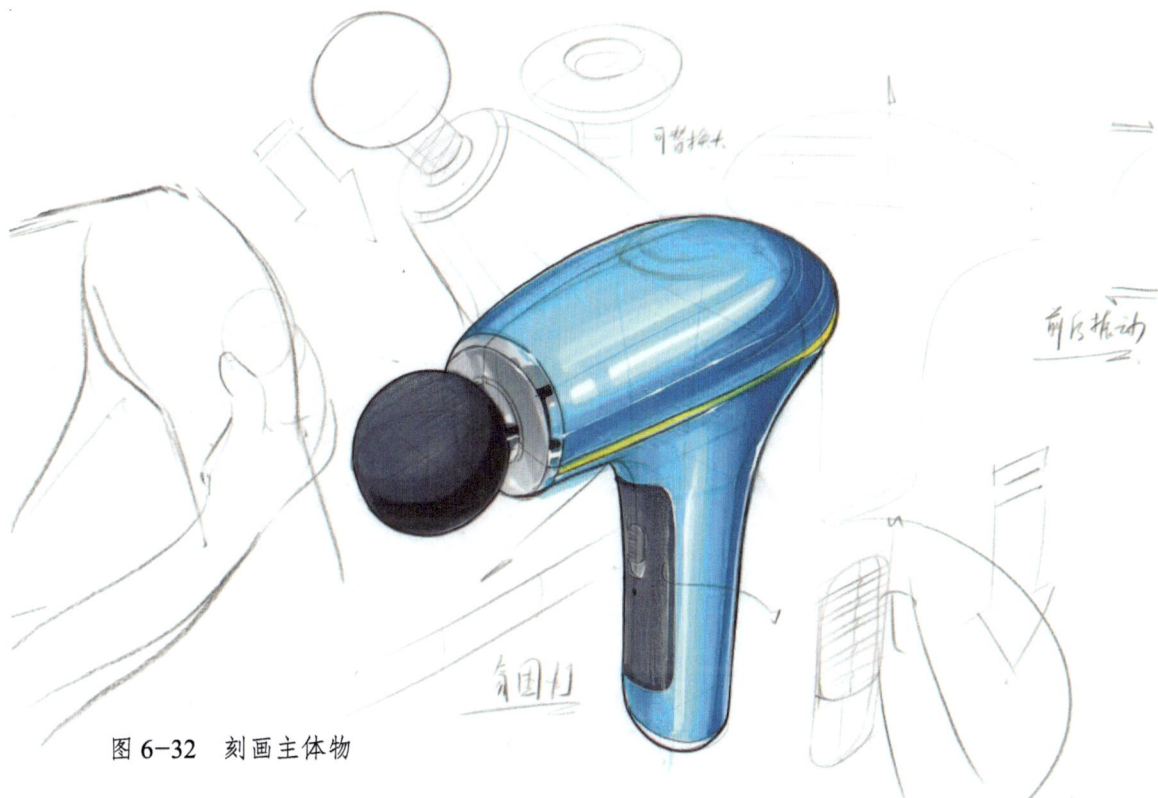

图 6-32　刻画主体物

步骤 **04** 整合版面，进行局部上色（图6-33）

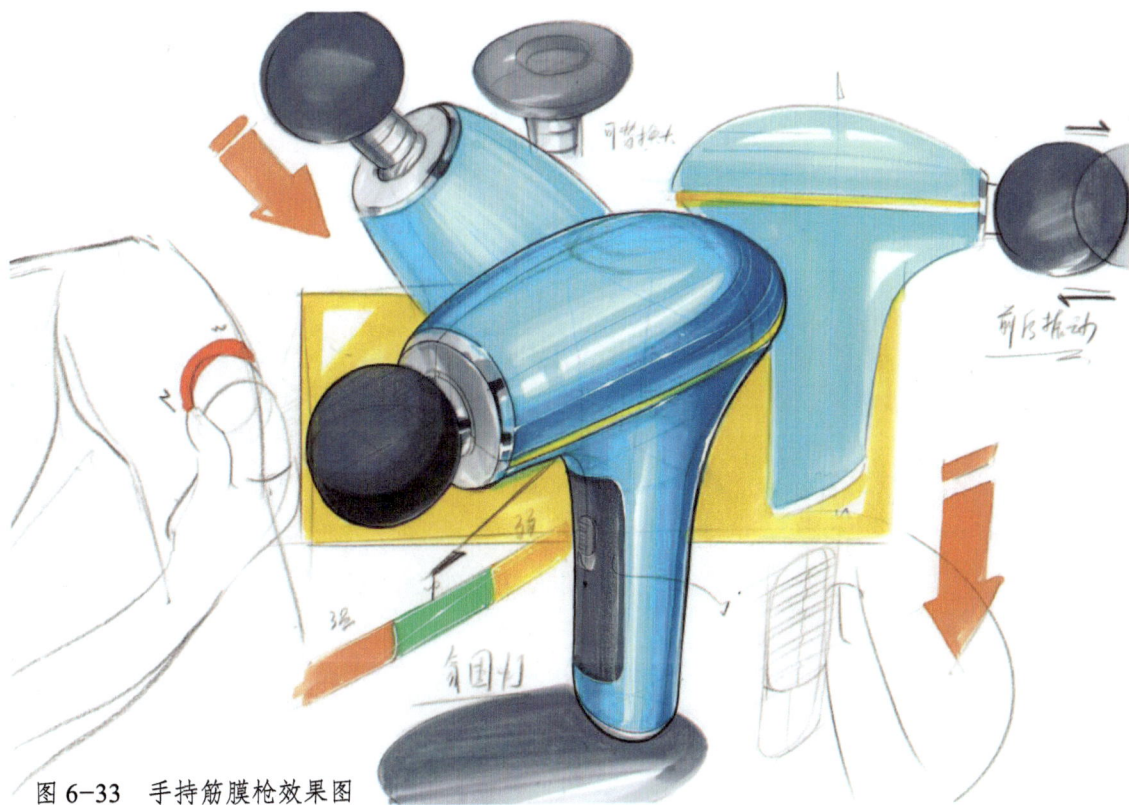

图 6-33　手持筋膜枪效果图

视频 6-6
手握式订书机

步骤 01　绘制版面主体图、场景图以及爆炸平面图（注意物体与场景比例）（图 6-34）

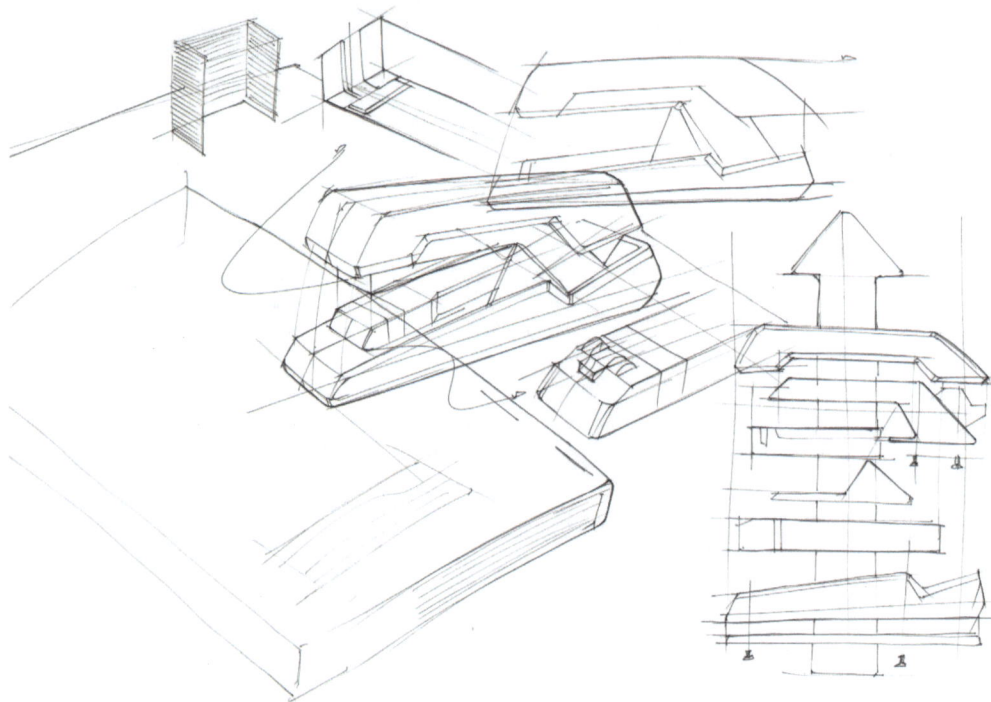

图 6-34　绘制版面图

步骤 02　对主体物上色（见图 6-35）

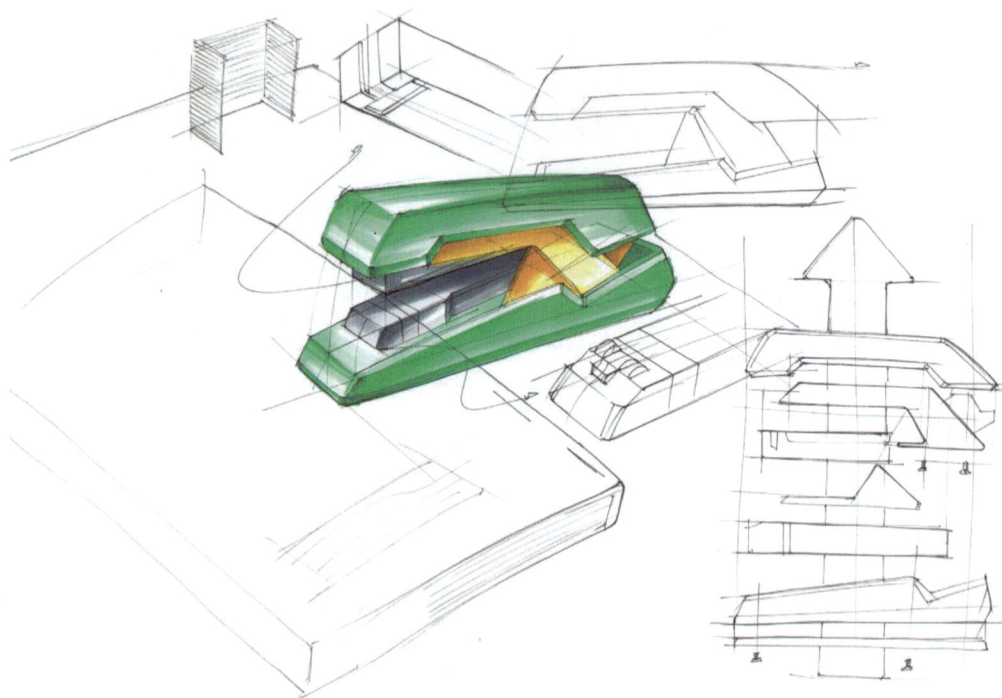

图 6-35　主体物上色

步骤 **03**　对爆炸图进行上色（图 6-36）

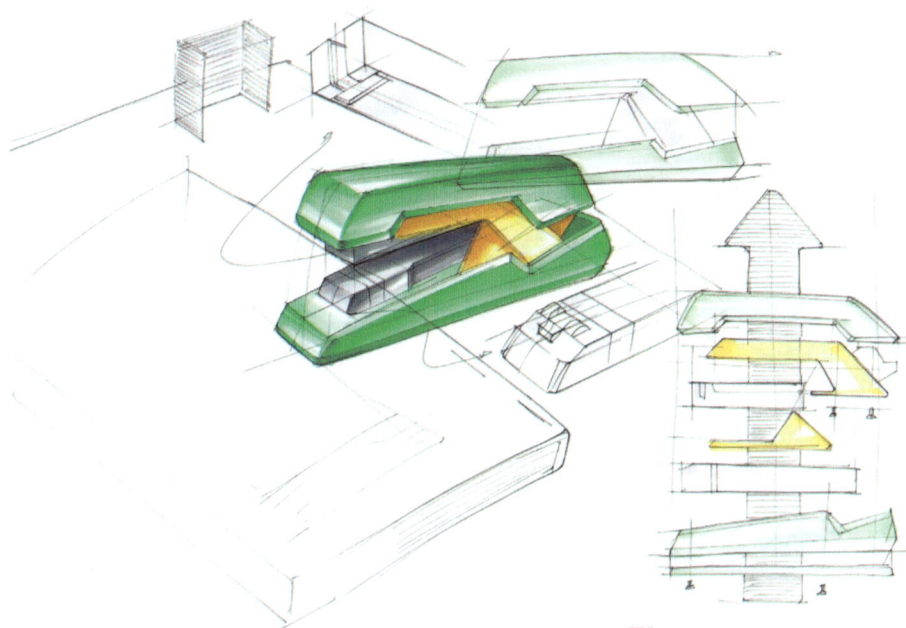

图 6-36　爆炸图上色

步骤 **04**　优化版面，对场景进行上色，完成整体效果（图 6-37）

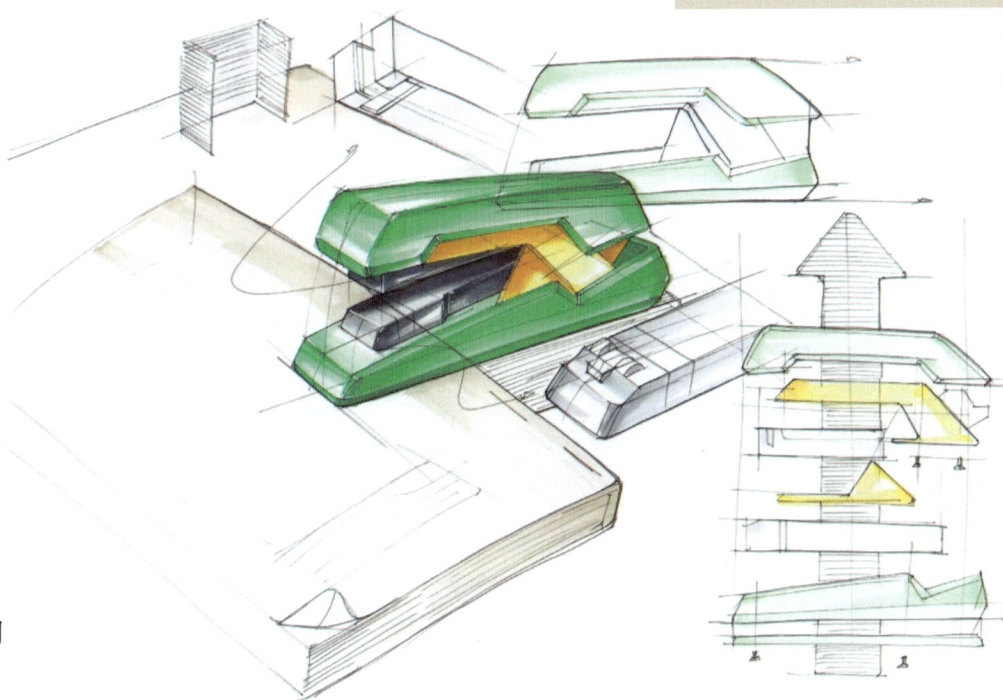

图 6-37　效果图

Tips

照葫芦画瓢是设计大忌，坚持两点：

1. 认识生活中的产品。

2. 把手绘能力放到整个技能体系的流程里面去思考。

03 手 持
吹风机

步骤 01 绘制立体图，注意把手处的人机比例（图 6-38）

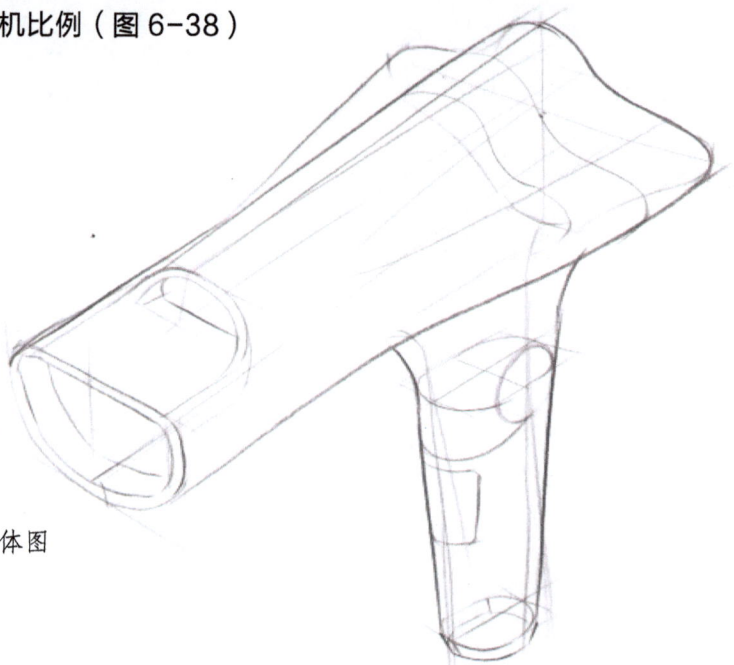

图 6-38　吹风机立体图

步骤 02 绘制其他视角立体图（图 6-39）

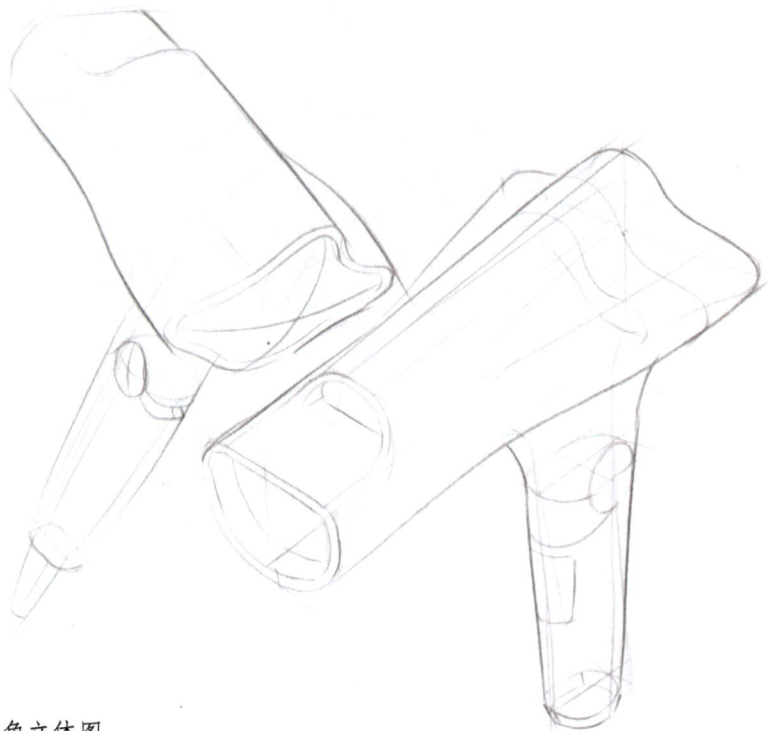

图 6-39　其他视角立体图

步骤 03　绘制产品细节图、使用方式图（图 6-40）

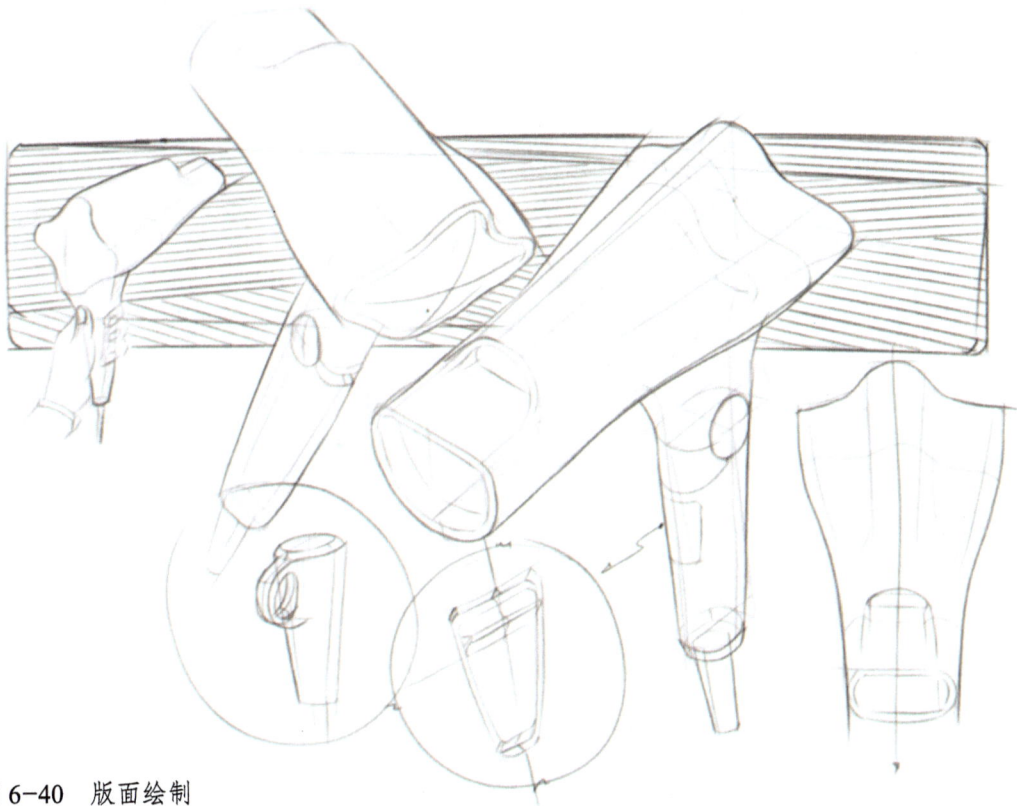

图 6-40　版面绘制

步骤 04　整合版面，进行局部上色（图 6-41）

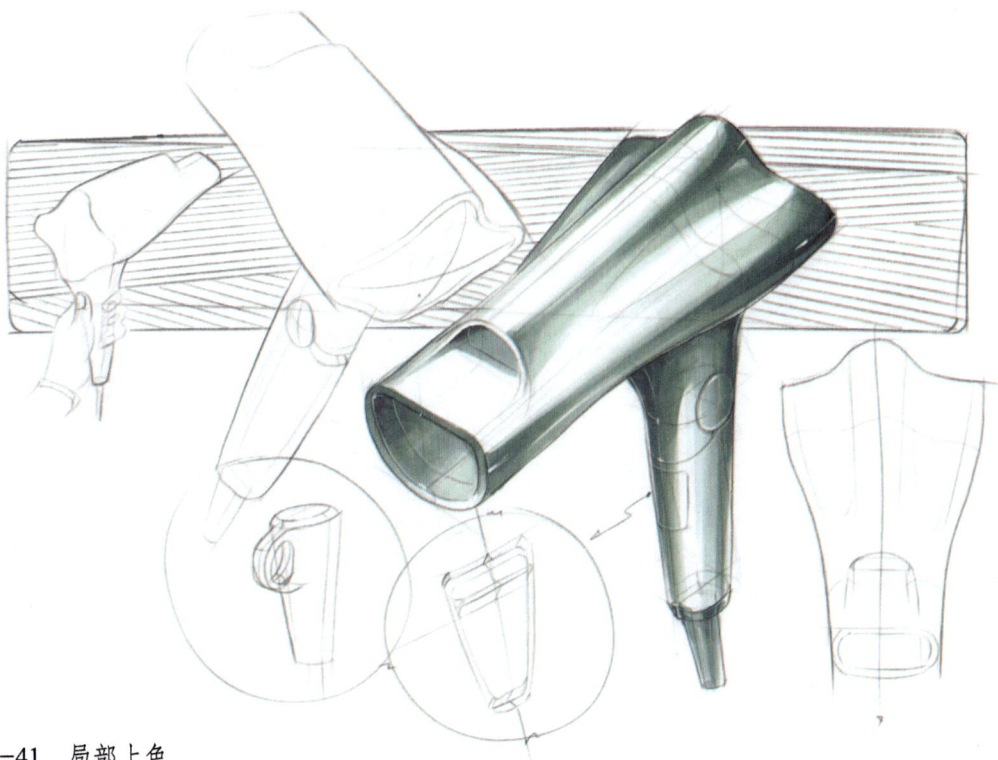

图 6-41　局部上色

拓展练习

1. 手持户外灯的版面布局及上色处理（图 6-42）。

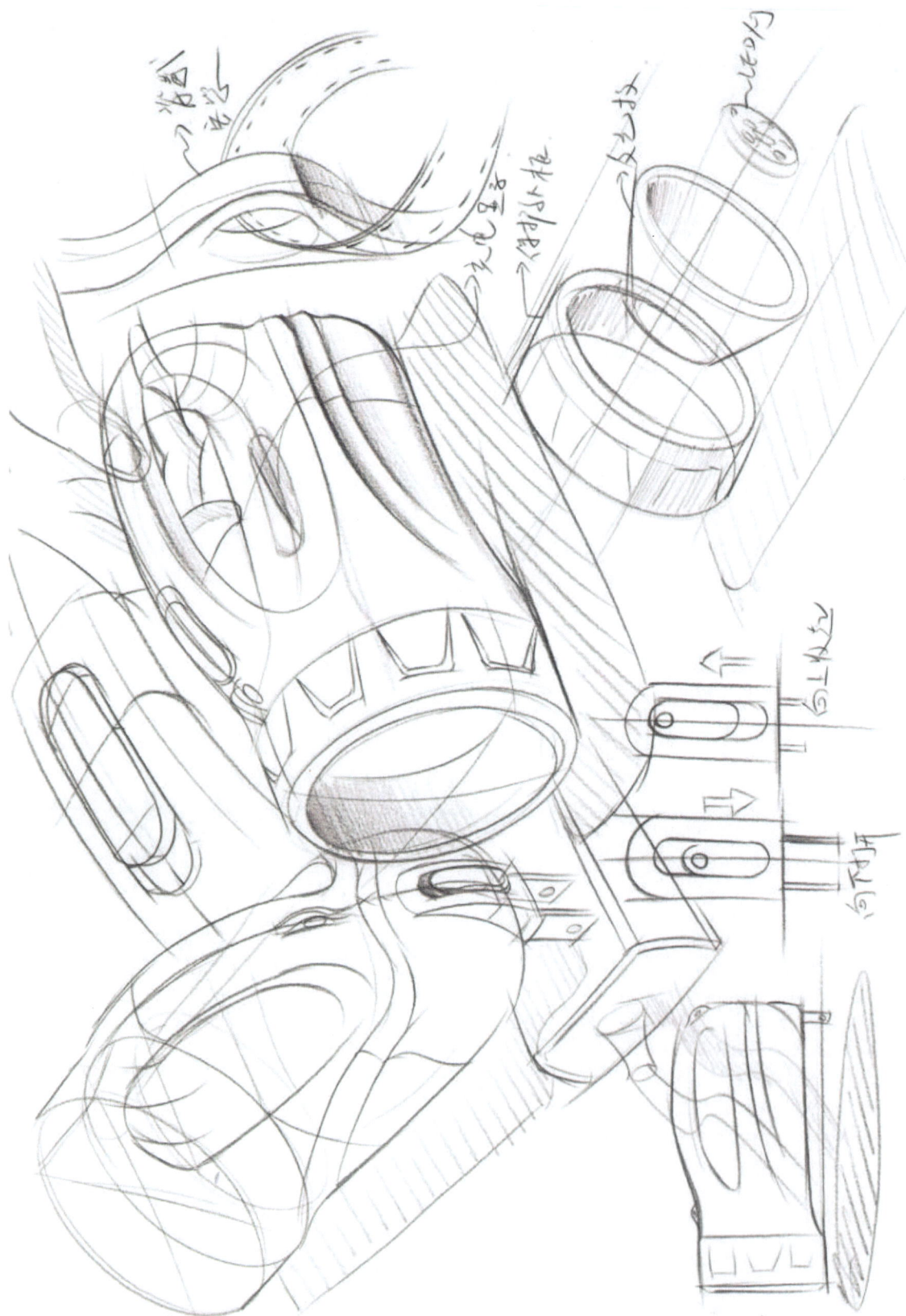

图 6-42　手持户外灯版面图

2. 手持蒸汽机的版面布局及上色处理（图 6-43）。

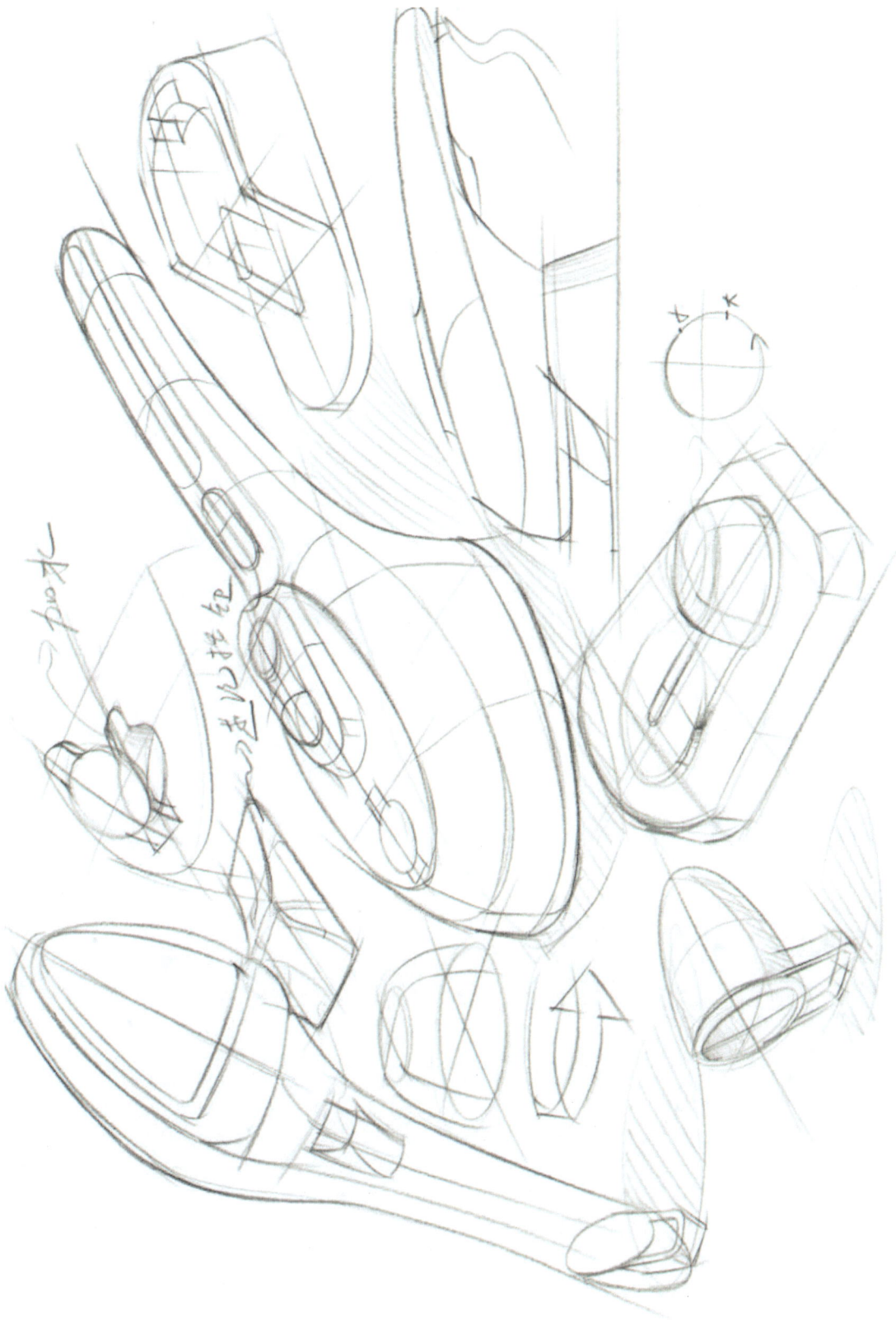

图 6-43 手持蒸汽机版面图

精选上色案例

电子蒸汽喷壶的版面布局及上色处理（图6-44）。

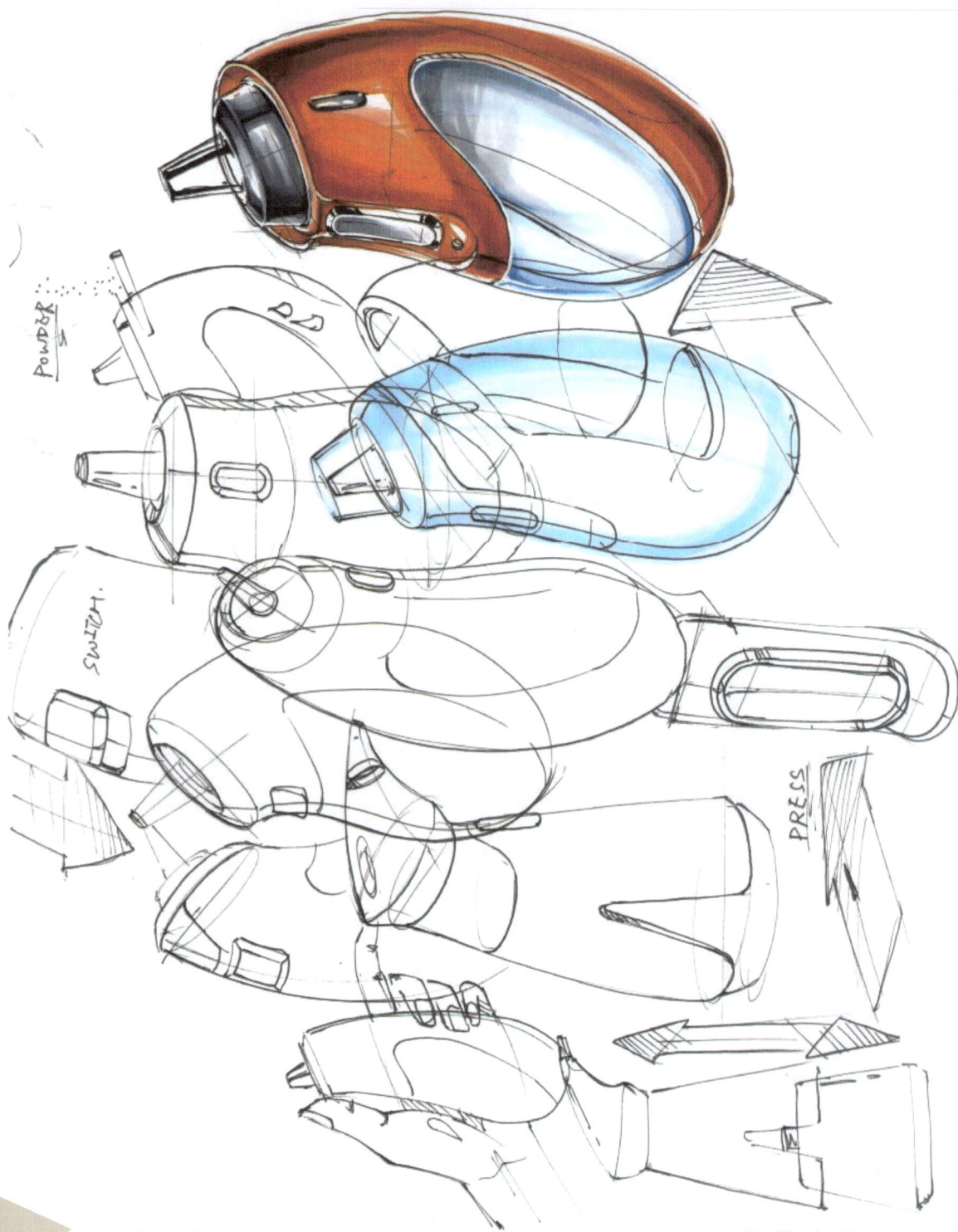

图6-44 电子蒸汽喷壶的版面图

参 考 文 献

［1］艾森，斯特尔. 产品设计手绘技法［M］. 陈苏宁，译 . 北京：中国青年出版社，2011.

［2］刘传凯，张英惠. 产品创意设计［M］. 北京：中国青年出版社，2005.